病猪两眼间的宽度变窄，形成小猪样的头

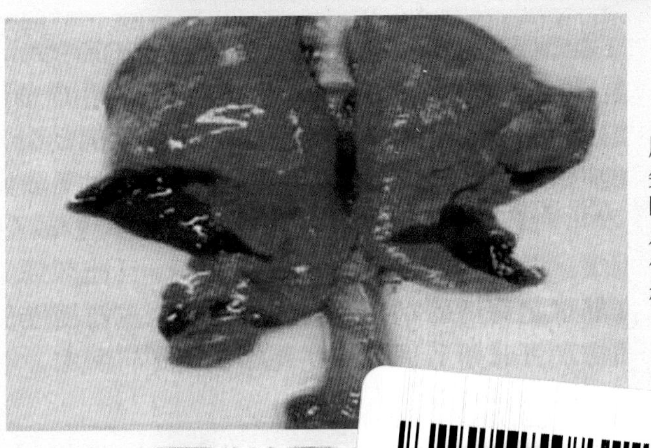

肝炎病变见于尖叶、心叶和隔叶的前下部，从中分离出支气管败血波氏杆菌



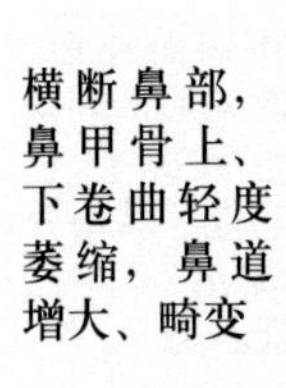

横断鼻部，鼻甲骨上、下卷曲轻度萎缩，鼻道增大、畸变

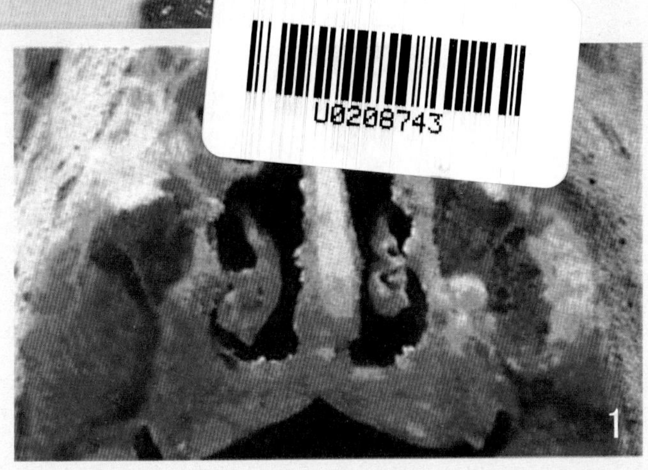

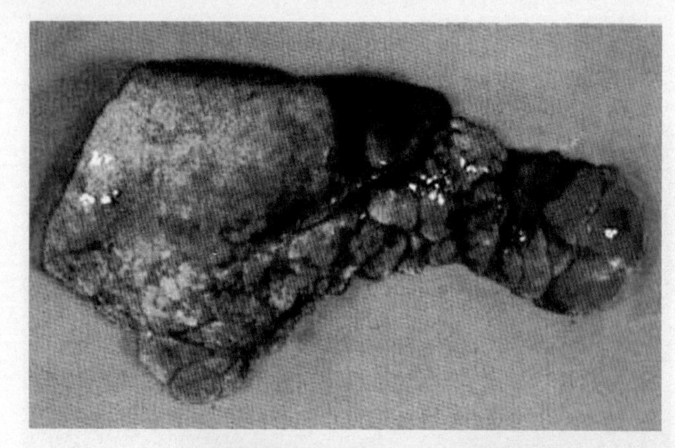

肺大叶受累发生炎症，并出现代偿性肺气肿变化

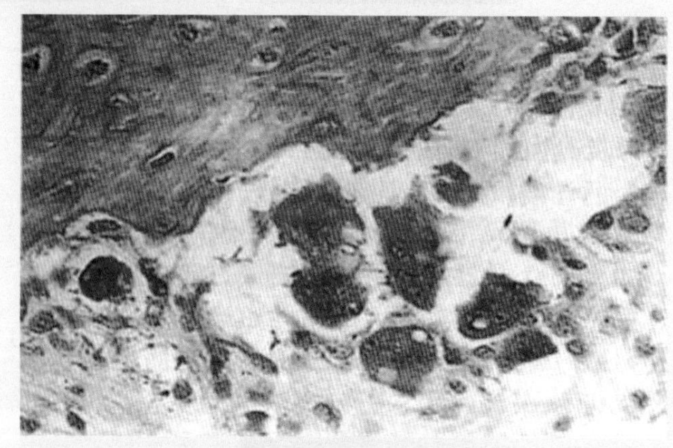

残存的变性的骨小梁正被大量巨噬细胞吞噬

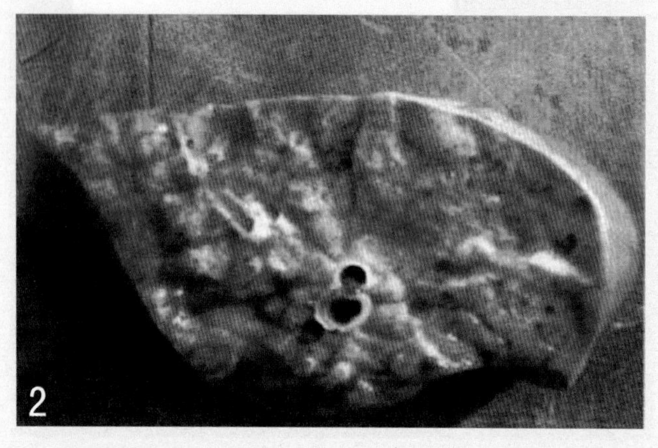


肺切面充血，散在有红褐色或灰白色病灶，从中分离出D型巴氏杆菌

畜禽流行病防治丛书

# 猪传染性萎缩性鼻炎及其防治


主　编

关冬梅

编著者

陈　光　李　石　李恩会

崔奎友　赵　峰　丁　超

张　晶　张益明　张占明

徐中英



金盾出版社

## 内 容 提 要

本书为畜禽流行病防治丛书的一个分册，内容包括猪传染性萎缩性鼻炎的流行概况及其危害、病原、流行特点、临床症状、病理变化及诊断技术，猪传染性萎缩性鼻炎的防制措施。内容细致全面，文字通俗易懂，科学性可操作性强，是指导防制猪传染性萎缩性鼻炎的重要参考书之一，适合畜禽养殖人员、畜牧兽医工作者和农业院校相关专业师生阅读参考。

**图书在版编目(CIP)数据**

猪传染性萎缩性鼻炎及其防治/关冬梅主编．—北京：金盾出版社，2009.6
（畜禽流行病防治丛书）
ISBN 978-7-5082-5678-8

Ⅰ．猪…　Ⅱ．关…　Ⅲ．猪病：传染病—萎缩性鼻炎—防治　Ⅳ．S858.28

中国版本图书馆 CIP 数据核字(2009)第 051812 号

**金盾出版社出版、总发行**
北京太平路 5 号（地铁万寿路站往南）
邮政编码：100036　电话：68214039　83219215
传真：68276683　网址：www.jdcbs.cn
封面印刷：北京金盾印刷厂
彩页正文印刷：北京金盾印刷厂
装订：兴浩装订厂
各地新华书店经销
开本：787×1092 1/32　印张：7.875　彩页：4　字数：166 千字
2009 年 6 月第 1 版第 1 次印刷
印数：1～8 000 册　定价：13.00 元

# 前　言

猪传染性萎缩性鼻炎 1830 年被发现，迄今已经将近 200 年，遍及全世界所有养猪业发达的国家。本病于 1964 年浙江省余姚市从英国进口约克夏种猪时传入我国，至今仍是养猪业危害严重的重要疾病之一。

猪传染性萎缩性鼻炎可以导致病猪鼻甲骨萎缩变形、生长缓慢、饲料转化率下降、继发感染增多等，但由于病死率不高，故在生产实践中并没有引起足够的重视。在我国，除了学术性研究外，很少有人对其诊断和防控等做深入的探讨，绝大多数养殖业者对本病的了解甚少，甚至是一无所知，这对预防和控制本病非常不利，导致本病的危害长期存在。本书介绍了猪传染性萎缩性鼻炎的流行、危害和防制措施等，其目的在于让人们了解本病，提高对本病的认识，指导养殖业者科学防控，以最大限度地减少其危害性。

笔者考虑到本书面对的不仅是兽医行业同仁，更多的可能是兽医基础知识较少的养殖业者，因此，本书除了重点介绍猪传染性萎缩性鼻炎的内容外，还增加了与其相关的兽医基础理论知识，以便于读者学习和理解，同时也省去了查阅基础资料的麻烦。

必须指出的是，本书涉及兽医学、流行病学、微生物及免疫学、病理学、生物化学和分子生物学等诸多学科，笔者在编写过程中查阅、收集了大量的资料，力求内容全面、翔实且通俗易懂，但受自身水平、条件和时间的限制，书中的遗漏和不妥之处在所难免，恳请专家、同仁和广大读者予以批评、指正。

编 著 者

2009 年 2 月

# 目　录

# 第一章　猪传染性萎缩性鼻炎的流行概况及其危害性

## 第一节　猪传染性萎缩性鼻炎的主要特征及其发展史

猪传染性萎缩性鼻炎(Infections atrophic rhinitis of swine,IAR),是猪的一种严重的、广泛流行的、接触性的上呼吸道慢性传染病。世界动物卫生组织(OIE)把传染性萎缩性鼻炎列为B类传染病,我国把传染性萎缩性鼻炎列为二类传染病。猪传染性萎缩性鼻炎也是一种人兽共患传染病。

目前,OIE确认猪传染性萎缩性鼻炎是由2种病原微生物引起的,一种是支气管败血波氏杆菌,另一种是产毒性多杀性巴氏杆菌。研究者根据致病的病原微生物不同,将猪传染性萎缩性鼻炎归类为2种:把由支气管败血波氏杆菌引起的萎缩性鼻炎称为非进行性萎缩性鼻炎(nonpogressive AR)(缩写为NPAR),把由产毒性多杀性巴氏杆菌或与其他因子共同感染引起的萎缩性鼻炎称为进行性萎缩性鼻炎(pogressive AR)(缩写为PAR)。支气管败血波氏杆菌广泛存在于养猪业,猪只感染后影响比较轻微,因此称之为非进行性萎缩性鼻炎;多杀性巴氏杆菌可以在猪群中广泛传播,常对猪群造成持续性影响,尤其是在那些饲养管理不当的猪场,可以造成严重的经济损失,因此称之为进行性萎缩性鼻炎。

## 一、猪传染性萎缩性鼻炎的主要特征

### （一）特定的病原微生物

猪传染性萎缩性鼻炎是由支气管败血波氏杆菌Ⅰ相菌和（或）产毒性多杀性巴氏杆菌D型（偶尔为A型）2种病原微生物引起的。支气管败血波氏杆菌是一种革兰氏阴性小杆菌，有周身鞭毛，能运动，不形成芽胞，有的菌相有荚膜，是上呼吸道的常在性寄生菌，它可以单独或者与其他鼻腔菌丛细菌混合感染，引起猪只轻微至中等程度的鼻甲骨萎缩，一般鼻腔没有明显变化。多杀性巴氏杆菌（Pm）是一种革兰氏阴性的细小球杆菌，需氧或兼性厌氧，两端钝圆，近似椭圆形，没有鞭毛，不形成芽胞。它可以单独或者与支气管败血波氏杆菌及其他因子共同混合感染，引起猪只严重的传染性萎缩性鼻炎。

### （二）传 染 性

传染性是指从患病动物（或者带菌动物）体内排出的病原微生物经过一定的途径进入另一易感动物体内，引起同样的疾病。传染性因病原微生物的致病力和传播途径不同及易感动物对病原微生物的反应不同而不同。猪传染性萎缩性鼻炎由支气管败血波氏杆菌和（或）多杀性巴氏杆菌的产毒素菌株引起，主要感染猪；支气管败血波氏杆菌和多杀性巴氏杆菌还可以感染牛、羊、兔、鸡、犬、猫及人等许多种动物。本病主要通过空气经呼吸道传播，发病率比较高，病死率比较低，主要侵害仔猪、青年猪，成年猪多呈隐性过程。

### （三）流 行 性

流行性是指在一定时间内，某一地区易感动物群中有许多动物被感染，造成传染病的蔓延散播。每种传染病的流行强度和广度都不尽相同，它取决于病原微生物的种类和毒力，也取决于易感性的高低及外界条件的影响，猪传染性萎缩性鼻炎的流行常呈散发或者地方性流行，也有整个猪场暴发的病例。

### （四）临床症状

临床症状是指易感动物从感染病原微生物到最终阶段所表现的一系列特征性表现。猪传染性萎缩性鼻炎的主要临床表现有打喷嚏、鼻塞、流鼻液、泪斑、鼻部和颜面部变形，生长发育迟滞、饲料转化率降低，有的还发生结膜炎、肺炎和脑炎等。

### （五）病理变化

病理是指疾病发生发展的过程和原理。猪传染性萎缩性鼻炎的病理变化主要是鼻甲骨（尤其是鼻甲骨的下卷曲）发生软化和萎缩，鼻甲骨变得小而钝直，甚至消失，使鼻腔变成1个鼻道，鼻中隔偏曲、鼻骨不同程度变形扭曲，鼻黏膜常有脓性或者干酪样分泌物。

### （六）免疫性和免疫期

免疫性和免疫期是指患传染病痊愈的动物或者通过疫苗的预防接种，对引起该传染病的病原微生物能够产生特异性免疫应答，并且在一定时间内，甚至终身对该传染病不再具有感染性。这种特异性应答可以用血清学方法或者变态反应检查出来，并用于传染病的诊断和检疫。猪传染性萎缩性鼻炎可以用凝集试验和酶联免疫吸附试验等进行检验和检疫。

## 二、猪传染性萎缩性鼻炎的发展史

### （一）猪传染性萎缩性鼻炎病原的确定

关于本病的病原，探讨了很长时间，1个多世纪以来人们一直为“条件”性萎缩性鼻炎这种疾病病原的确定争论着，由于管理与饲养因素可以影响传染性萎缩性鼻炎的严重性和临床表现，因此人们在一段时期内曾一度认为传染性萎缩性鼻炎是一种与营养不良有关的疾病。从 20 世纪 30 年代开始，向仔猪鼻腔内注入传染性萎缩性鼻炎的产物，可以使仔猪很快患有萎缩性鼻炎，因此证明了本病能在猪与猪之间传播，才发现这种疾病具有传染性，将其初步定为传染性疾病，但病原尚不清楚。

1956 年 Switzer 曾提出：传染性萎缩性鼻炎可能是由几种病原引起的，其中包括毛滴虫、滤过性病原、病毒及支原体等，但一直没有得到证实。经过反复试验研究，同年，Switzer 终于首次从一例萎缩的猪鼻甲骨中分离到支气管败血波氏杆菌，但并没有确定支气管败血波氏杆菌就是猪传染性萎缩性鼻炎的病原。

1962 年，在美国，Cross 和 Claflin 应用这种纯支气管败血波氏杆菌的纯培养物，在禁食初乳的几日龄的 SPF 仔猪鼻腔内进行大量的接种，成功地诱发了典型的萎缩性鼻炎。之后，该实验又被 Ross 等(1967)重复进行，他们应用产毒性支气管波氏杆菌接种 1～3 日龄仔猪，在 95％的仔猪中成功诱发本病，至 1975 年，支气管败血波氏杆菌是导致猪传染性萎缩性鼻炎的主要因素的观点才被普遍接受。

20 世纪 80 年代初期，在荷兰，De jong 等人分别从有传染性萎缩性鼻炎临床症状的猪群和无临床症状的猪群中分离出多杀性巴氏杆菌，并将分离出的多杀性巴氏杆菌菌株分为传染性萎缩性鼻炎致病性菌株和非致病性菌株 2 类，然后在 SPF 仔猪上进行一系列试验：他们在前苏联学者 ILina 等人(1975)报告的基础上，采用皮肤坏死试验和小鼠致死试验发现，只有产生皮肤坏死毒素(DNT)的多杀性巴氏杆菌菌株才与传染性萎缩性鼻炎有关。随后，他们又对能产生皮肤坏死毒素的多杀性巴氏杆菌菌株与传染性萎缩性鼻炎病因的关系进行了研究，进一步证实了这类产毒性多杀性巴氏杆菌与持续性临床型萎缩性鼻炎有关。

后来，人们对支气管败血波氏杆菌和产毒性多杀性巴氏杆菌这两种主要病原的特性、致病机制和控制方法等不断进行试验和研究，结果表明，支气管败血波氏杆菌和产毒性多杀性巴氏杆菌都可以单独诱发典型的猪传染性萎缩性鼻炎，引起鼻甲骨的发育不全，在较严重的情况下可以造成不同程度的鼻面部变形(包括鼻盘)及鼻中隔的扭曲，或者由于经常打喷嚏而造成鼻出血(鼻出血虽然在非进行性萎缩性鼻炎中比较少见，但却是进行性萎缩性鼻炎的特征性变化)，二者在协同作用时，可以加重病情发展，加剧鼻甲骨萎缩的程度。至此，人们才最终确定传染性萎缩性鼻炎的病原是支气管败血波氏杆菌和多杀性巴氏杆菌的产毒菌株。

1990年，Kamp等又发现除支气管败血波氏杆菌和多杀性巴氏杆菌外的细菌也能产生同一种毒素，同样能感染诱发萎缩性鼻炎，如鼠伤寒沙门氏菌，也含有部分多杀性巴氏杆菌的毒素基因，可以产生与其类似的毒素。

**(二)猪传染性萎缩性鼻炎的命名**

本病的命名是由 Pedersen 和 Nielsen(1983)首次推荐使用的，规定所有造成鼻甲骨萎缩的疾病都叫萎缩性鼻炎，并专门召开欧洲共同体萎缩性鼻炎专家会议讨论通过。后来在临床上发现，支气管败血波氏杆菌和产毒性多杀性巴氏杆菌所引起的萎缩性鼻炎有许多不同之处，从临床和病理学角度看，用萎缩性鼻炎命名一个疾病综合征不太合适，应该将二者引发的萎缩性鼻炎区分开。1988年，为了在世界范围内达成共识，Pedersen 等又提出命名区分建议，得到了欧洲、北美、南美和亚洲猪病专家的赞同，大家同意把由产毒性多杀性巴氏杆菌引起或与其他因子共同感染引起的疾病称为进行性萎缩性鼻炎，规定在一个怀疑有本病的猪群中，如果发现猪有打喷嚏，鼻出血，鼻部变形，生长缓慢，鼻甲骨萎缩变形，且也能分离出产毒性多杀性巴氏杆菌，即可确诊为进行性萎缩性鼻炎；把由支气管败血波氏杆菌引起或与其他因子共同感染引起的疾病称为非进行性萎缩性鼻炎，规定在一个怀疑有本病的猪群中，如果发现猪有打喷嚏，鼻部变形，生长缓慢，鼻甲骨萎缩变形，且也能分离出支气管败血波氏杆菌，即可确诊为非进行性萎缩性鼻炎。

## 第二节　猪传染性萎缩性鼻炎的流行概况

### 一、猪传染性萎缩性鼻炎在国外的流行概况

本病在世界各地分布十分广泛，特别是美国、加拿大、瑞典、丹麦和英国。造成本病在各国间传播的主要原因是引进种猪缺乏严格检疫。据报道，世界猪群中有25%～50%受到支气管败血波氏杆菌感染，美国猪群的血清学阳性率达54%。产毒性多杀性巴氏杆菌现在已经分布于养猪业发达的各个国家和地区，感染率为25%～50%，病原菌的分离率达91%，而有30.6%的生猪在其鼻腔深处和喉头内带有多杀性巴氏杆菌。20世纪70年代后期，丹麦和英国猪传染性萎缩性鼻炎占40%。

## 二、猪传染性萎缩性鼻炎在我国的流行概况

猪传染性萎缩性鼻炎在我国分布亦相当广泛，目前在许多地方都有不同程度的发生和流行。1964 年浙江省余姚市从英国进口约克夏种猪中发现本病，20 世纪 70～80 年代，我国一些省、直辖市从欧、美等国家大批引进瘦肉型种猪，使本病多渠道传入我国。

猪传染性萎缩性鼻炎在较大规模的猪场中，由于饲养管理及环境条件的不断改善，典型症状较为少见或者难于见到，但泪斑、打喷嚏、结膜炎等相关症状仍屡见不鲜；而在大部分饲养管理及环境条件较差的小型规模猪场中，流鼻血、歪鼻等典型的萎缩性鼻炎临床症状随处可见。1984 年，云南省兽医防疫站对省内 12 个县进行血清学调查，猪的血清学阳性率达 71.2%(＋＋)。采用乳胶凝集试验对我国部分地区的猪血清样品进行了猪传染性萎缩性鼻炎血清学流行病学调查，结果表明，在检测的 1 004 份猪血清样品中检出阳性 510 头份，阳性率为 50.8%，其中 1999 年检测 420 份，检出阳性 129 头份，阳性率为 30.7%，2000 年检测 584 份，检出阳性 381 头份，阳性率为 65.2%。同时，对其中的 299 份血清样品用乳胶凝集试验和试管凝集试验同步检测血清抗体，结果，乳胶凝集试验检出阳性 194 份，阳性率为 64.9%；试管凝集试验检出阳性 154 份，阳性率为 50.5%(＋＋)。

由此可见，猪传染性萎缩性鼻炎已经成为重要的猪传染病之一，在实际生产中不容忽视。

## 第三节　猪传染性萎缩性鼻炎造成的危害

### 一、猪传染性萎缩性鼻炎导致猪只对其他病原微生物的易感性增加

猪鼻子在对抗呼吸道疾病入侵中扮演着非常重要的角色，因为猪只无时无刻不在呼吸，无时无刻不在吸入病原微生物，幸好呼吸道主要有3道"关卡"，可以排出灰尘与病原微生物，第一道关卡就是鼻子。猪鼻甲骨具有特殊的螺旋形构造，就像纱窗一样可以过滤许多病原微生物，从而减少猪只感染呼吸道疾病的概率。

猪只在正常情况下呼吸时，完整的鼻甲骨可以对吸入的空气进行处理，调整其温度、湿度，并过滤灰尘、氨气等有害物质，因而到达肺脏的空气是清洁、温润的。当猪只发生传染性萎缩性鼻炎时，鼻甲骨在整个病程中均处于炎症状态，严重的可以导致鼻甲骨的萎缩甚至消失。当鼻甲骨处于炎症、萎缩甚至消失状态时，一方面鼻甲骨对空气的调节及过滤功能将不复存在，未经处理的空气将直接进入肺脏，不适的温度、湿度及空气中的有害物质必将对呼吸系统造成不同程度的损伤；另一方面，呼吸道的第一道"关卡"被破坏，就像纱窗破了大洞，病毒、细菌等病原微生物都可以通过鼻甲骨侵入猪体，使猪只继发或者并发其他疾病的可能性大大增加。许多调查报告均显示，患有传染性萎缩性鼻炎的猪只很容易继发严重的细菌性肺炎，从而导致猪只大批量死亡。

因此，猪传染性萎缩性鼻炎的危害不仅仅是对呼吸系统的直接破坏，更严重的是它给经呼吸道感染的其他病原微生

物(如支原体等)侵害猪体提供了有利条件,所造成的间接损失是无法估量的。

## 二、猪传染性萎缩性鼻炎造成猪只生长速度下降

传染性萎缩性鼻炎可以导致猪只生长发育迟缓的原因,一是病原菌分泌的皮肤坏死毒素可以通过黏膜伤口进入血液,造成全身软骨发育障碍。二是与继发感染其他疾病有关。

在实际生产中我们可以看到,发病仔猪的生长发育迟滞率可达10%~25%,生长速度下降情况因病情严重程度不同而异。据保守估计,打喷嚏、泪斑明显,特别是结膜炎红眼猪只,在体重增长到30千克以后生长速度明显放缓,要达到一样的上市体重比正常猪只往往须多饲养30~50天;严重的鼻甲骨病变可以导致猪只日增重减少5%~8%;具有典型歪鼻症状的猪只即使饲养再长时间也往往无法达到上市体重,而成为僵猪。

## 三、猪传染性萎缩性鼻炎造成猪只饲料转化率明显降低

D型产毒性多杀性巴氏杆菌所产生的毒素可以使肝脏变性,影响饲料转化率及增重,其影响幅度高达10%~30%,严重时可以达到40%以上。

## 四、猪传染性萎缩性鼻炎所造成的经济损失

传染性萎缩性鼻炎不论其临床症状典型与否,给猪场造成的重大经济损失都是事实存在的。事实证明:猪传染性萎

缩性鼻炎可以使猪只对其他疾病的易感性增加，从而导致治疗费用的增加；另外，其在日增重及出栏时间的推延也使猪场的管理成本大大提高，从而影响经济效益。

近年来，一些人认为由支气管败血波氏杆菌所引起的非进行性萎缩性鼻炎、生长迟缓等损失不易用量的方法来推算，而且 1983 年一些研究者发现，其病变程度与生长情况的关系也难以真正估算，这是因为在实际生产中，我们通常是通过屠宰后检查猪头部的方法来对个体或者大猪场的猪传染性萎缩性鼻炎的流行情况进行判定，用这种方法来统计猪传染性萎缩性鼻炎的发病率是不全面的。许多调查表明：鼻甲骨萎缩的比例与其临床发病率或是经济损失率并不相符，因为在实际生产中，虽然肉眼可见的鼻甲骨萎缩广泛存在于猪群中，但是仍然有很多轻、中度患病猪并不表现严重的临床症状和负面的经济效果，这也是本病多年来没有受到重视的原因。而对由产毒性多杀性巴氏杆菌引起的进行性萎缩性鼻炎所造成的经济损失存在不同的估计，认为其在严重暴发时可以引起重大的经济损失。据不完全统计，每年因本病可以导致养殖场 1 700 万元的经济损失。

## 五、猪传染性萎缩性鼻炎对人类的危害

近年来，人们还发现本病可以经动物传染给人，产生与猪传染性萎缩性鼻炎类似的症状和病变，并在免疫功能缺陷或者低下的人群中（如 AIDS 患者体内）形成严重的感染，因此要引起卫生部门的高度重视。

猪传染性萎缩性鼻炎因其病死率较低，隐性感染居多，所造成的危害不如猪瘟、高致病性蓝耳病等很多烈性传染病直观、显著，所以还没有引起足够的重视，但其对养猪业的严重

危害是至关重要的，因此一定要注意该病的防控。目前，很多国家已启动了猪传染性萎缩性鼻炎的根除计划。在我国，除了学术性研究外，在实际生产中很少有人对其诊断和防控等做深入的探讨，尤其是养殖业者的重视程度还不够，大多数猪场对于猪群中的非典型症状均视而不见，即使是典型症状，也仅仅是加点抗菌药物处理，甚至只是在防制其他呼吸道病的同时"顺便"治疗该病，这对预防和控制本病非常不利，会导致本病的危害长期存在。

# 第二章 猪传染性萎缩性鼻炎病原菌的基本特性

多杀性巴氏杆菌属于巴氏杆菌科巴氏杆菌属，巴氏杆菌属细菌已报道有 20 多种，多杀性巴氏杆菌是本属中最重要的动物致病菌，本菌广泛分布于世界各地，正常存在于多种健康动物的口腔和咽部黏膜，属于条件性致病菌，据资料统计，猪的鼻腔深处和喉头内有 30.6%带菌。多杀性巴氏杆菌可以引起牛、羊等多种动物的巴氏杆菌病，表现为出血性败血病或传染性肺炎。支气管败血波氏杆菌属于波氏杆菌属细菌，是广泛感染多种哺乳动物、有时也感染人的一种上呼吸道常在性寄生菌，可以从野生动物及家畜中分离出来，几乎所有猪群都有本菌的存在，但其致病程度各异。支气管败血波氏杆菌借其黏附素和毒素对宿主致病，引起感染动物的呼吸道疾病，并协同其他病原菌形成严重的肺部混合感染，临床多表现为鼻炎和肺炎。

## 第一节 猪传染性萎缩性鼻炎病原菌的形态结构

### 一、病原菌的基本形态

#### (一)支气管败血波氏杆菌的基本形态

支气管败血波氏杆菌是一种细小的多形态细菌，形态从圆形、卵圆形至杆状，呈长杆状和丝状者较少，其大小为 1 微米×0.2～0.3 微米，散在或者成双排列，偶尔呈短链排列。

**（二）多杀性巴氏杆菌的基本形态**

多杀性巴氏杆菌是一种细小的球状至球杆状菌，其大小为0.2～0.4 微米×0.5～2.5 微米，两端钝圆，近似于椭圆形，有时排列成比较长的链条。新从自然病例分离的菌体形态比较均匀一致，绝大多数为小型短杆菌，两端钝圆，或椭圆形，或球形，以纯培养物涂片的多为球杆状或双球状，在强碱性培养基中甚至长成菌丝。

## 二、病原菌的结构及其功能

**（一）基本结构**

支气管败血波氏杆菌和多杀性巴氏杆菌均为革兰氏阴性菌，具有阴性菌的基本结构。

**1. 细胞壁（cell wall）** 细胞壁位于细菌细胞的最外层，贴近细胞膜之外，是一层薄且无色透明、坚韧而有一定弹性的膜壁。细胞壁厚度因菌种而异，一般在10～80 纳米，其重量占菌体细胞干重的10%～25%。细胞壁在细菌经高渗溶液处理后染色，或者用特殊方法染色后，在光学显微镜下可以观察到，也可以用电镜观察。

细胞壁主要的化学成分含有肽聚糖，还含有一定量的类脂质和蛋白质等。

细胞壁的主要功能是：①使细菌保持一定的形态和提高机械强度，使其免受渗透压等外力的损伤。②细胞壁上有很多微细的小孔，具有相对的通透性，因而与细胞膜共同完成细胞内外物质的交换，为细胞的生长、分裂和鞭毛运动所必需。③阻拦大分子有害物质（某些抗生素和水解酶）进入细胞。④赋予细菌特定的抗原性、致病性（如内毒素）以及对抗生素和噬菌体的敏感性。

**2. 细胞膜(cell membrane)** 又称细胞质膜或胞质膜,位于细胞壁的内侧,紧紧地包裹在细胞质的外面,是一层独立的、菲薄的、柔软的、富有弹性的并具有半渗透性的生物膜,是一种液态镶嵌结构。细胞膜的整个厚度为5~10纳米,重量占菌体细胞干重的10%左右,可以通过质壁分离、鉴别性染色、原生质体破裂等方法在光学显微镜下观察到细胞膜,或者采用电子显微镜观察细菌超薄切片等方法,都可以证明细胞膜的存在。在电子显微镜下观察,可以看到细胞膜又分为3层,其内层和外层是电子稠密层,比较暗,中间一层是电子透明层,比较透明。

细胞膜的主要化学成分是脂类(占重量的20%~30%)和蛋白质(占重量的50%~70%),也有少量的碳水化合物和其他物质。脂类是双相性的,即一端疏水,另一端亲水,由一系列磷脂的复合物组成。蛋白质与细胞膜的选择通透性有关,参与物质交换、生物合成及生物氧化等,是具有特殊作用的酶类。

细胞膜的主要功能是:①细胞膜上有许多微孔,可以容许一定大小的可溶性分子进入细胞内,从而控制着细胞质和外界之间的渗透和离子平衡,是细菌细胞的主要渗透屏障。②细胞膜和细胞壁一起共同选择性地控制细胞内外的物质(营养物质和代谢产物)的运送与交换。③是合成细胞壁各种组分(肽聚糖、磷壁酸、LPS等)和糖被(glycocalyx)等大分子的重要场所。④是进行氧化磷酸化或光合磷酸化的产能基地。⑤是许多酶(β-半乳糖苷酶、细胞壁和荚膜的合成酶及ATP酶等)和电子传递链的所在部位。⑥是鞭毛的着生点,并提供其运动所需的能量等。⑦一旦细胞膜受到损伤,细菌将死亡。

**3. 间体(mesosome)** 又称中间体,是一种由细胞膜内褶凹入细胞质内形成的囊状构造,其中充满着层状或管状的泡囊(图 2-1)。在革兰氏阳性菌中均有 1 个至数个发达的间体,但许多革兰氏阴性菌中没有。

间体的主要功能是:①间体在细胞分裂时常位于细胞的中央,因此认为可能与 DNA 复制与横隔壁的形成有关。②位于细胞周围的间体可能是分泌胞外酶(如青霉素酶)的地点。③间体作为细胞呼吸时的氧化磷酸化中心,起着真核生物中线粒体的作用。

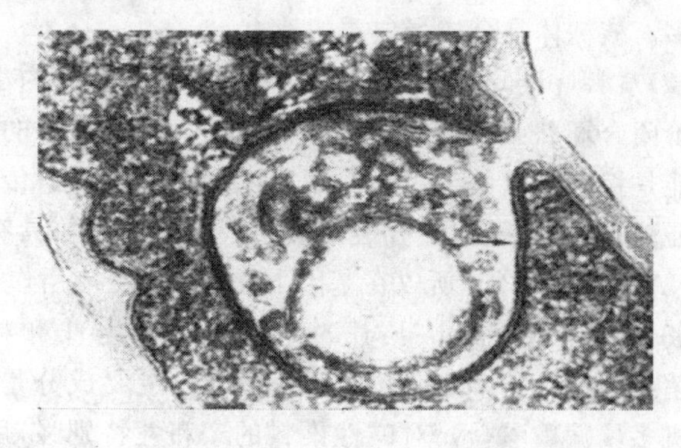

**图 2-1 白喉杆菌的间体**

近年来也有学者提出不同的观点,认为"间体"仅是电镜制片时因脱水操作而引起的一种赝像。

**4. 细胞质(cytoplasm)** 通常指细菌细胞膜内包围的、除核体以外的所有物质,是一种黏稠、无色透明、均质的复杂胶体。

细胞质是细菌的内环境,其主要成分是水(含水量约为

80%)、蛋白质、脂类，含有许多酶系统，还有核糖体、质粒、包涵体、多糖类、少量无机盐类和气泡等内含物，其化学组成随菌龄、培养基成分的不同而有所不同。细胞质具有明显的胶体性质，是细菌进行营养物质代谢以及合成核酸和蛋白质的主要场所，可以将由外界环境中摄取的营养物质合成并转化为复杂的自身物质，同时进行异化作用，不断更新菌体内部的化学组成，以维持细菌细胞新陈代谢的相对稳定。另外，细胞质内还贮藏着细菌生活的各种营养物质和代谢产物。

(1)核糖体(ribosome)　核糖体又名核蛋白体，由 rRNA 和蛋白质所组成。rRNA 有 5S、16S 及 23S 3 种，蛋白质有 56 种之多。核糖体是合成蛋白质的地方。

(2)质粒(plasmid)　质粒是在核体 DNA 以外的小型双股共价闭合环状 DNA 分子。含有细菌生命非必需的基因，其功能是控制产生菌毛、毒素、耐药性和细菌素等遗传性状。质粒能独立复制，随宿主分裂传给子代菌体。质粒具有与外来 DNA 重组的功能，所以在基因工程中被广泛应用作载体。

(3)异染颗粒(metachromatic granule)　异染颗粒是某些细菌细胞质中一种特有的酸性小颗粒，主要成分是 RNA 和无机多聚偏磷酸盐。对碱性染料的亲和性特别强，用美蓝染色时，呈红紫色，而菌体的其他部分则呈蓝色。其功能主要是贮存磷酸盐和能量，可用于细菌鉴定，如棒状杆菌。

(4)附加体(episome)　有些质粒能插入到染色体中成为细菌染色体的一部分，这类质粒又称为附加体。

**5. 核体(nuclear body)**　细菌为原核生物，没有核膜与细胞质相隔，分布于细胞质内，称为核体或拟核(nucleoid)，是一个共价闭合、环状的双链大型 DNA 分子。核体中的 DNA 是遗传物质，对细菌的生长繁殖、遗传和变异等起着重要的作用。多杀性巴氏杆菌 DNA 中的 G+C(鸟嘌呤+胞嘧啶)含量为 40.8～43.9 摩%(即 G+C 占 4 种碱基总量的克分子百分比)。由于某一细菌中 DNA 的 G+C 配对碱基的百分比值,是反映该细菌遗传性能的一种本质特征,这对在形态、培养、生化和血清学等表型上难以区分的细菌,做出更为合理的分离鉴定有着重要的意义,因此这一方法已被广泛地用作细菌分类鉴定的重要依据之一。

**(二)特殊结构**

**1. 糖被** 有些细菌在一定的营养条件下,可以向细胞壁表面分泌一层松散、透明的黏液状或者胶质状的多糖类物质,即糖被。这类物质透明,用普通染色法染色不易着色,在光学显微镜下观察时只能见到菌体周围形成的无色透明圈。

根据糖被有无固定层次、层次薄厚可以将其细分为荚膜(或大荚膜,capsule)、伪荚膜、黏液层(slime layer)和菌胶团(图 2-2)。

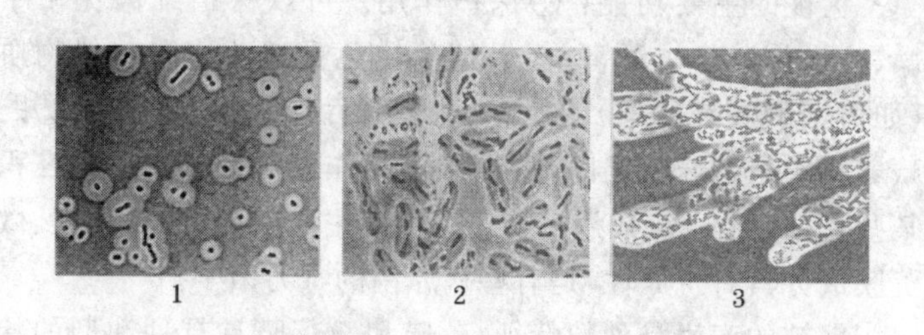


**图 2-2 细菌的糖被**

1. 荚膜 2. 黏液层 3. 菌胶团

(1)荚膜 荚膜较厚,≥200 纳米,有明显的外缘和一定的形态,相对稳定地附着于细胞壁外,如果用荚膜染色法(附录1)染色，可以清楚地看到荚膜的存在。荚膜与细胞的结合力比较差，通过液体振荡培养或者离心便可以得到荚膜物质。

(2)伪荚膜　伪荚膜比较薄，<200纳米，用光学显微镜不能看见，但可以在电子显微镜下看到，也可以采用血清学方法证明其存在。伪荚膜容易被胰蛋白质酶消化。

(3)黏液层　有些细菌可以分泌一层很疏松的黏液样物质，被称为黏液层。黏液层量大而且没有明显的边缘，比荚膜疏松，并且容易与菌体脱离，扩散到周围环境从而使培养基的黏度增加。

(4)菌胶团　当多个细菌的荚膜物质互相融合，连在一起形成胶状物，内含多个细菌细胞时，被称为菌胶团。

糖被的化学组成主要是水，占重量的90%以上，其余为多糖类、多肽类，或者多糖蛋白质复合体，尤以多糖类居多。多数细菌的荚膜主要含多糖类，少数含多肽类，也有极少数细菌两者都有。

糖被的主要功能：①保护作用。可以保护细菌免予干燥、防止化学药物毒害、能保护菌体免受噬菌体和其他物质(如溶菌酶和补体等)的侵害、能抵御吞噬细胞的吞噬。②贮藏养料。当营养缺乏时，可被细菌用作碳源和能源。③堆积某些代谢废物。④致病功能。糖被为主要表面抗原，荚膜、微荚膜成分具有抗原性，是有些病原菌的毒力因子。

糖被的产生是种的特征，荚膜和微荚膜具有种和型的特异性，可以用于细菌的鉴定，但也与环境条件有密切的关系。一般在动物组织中或含大量血清或糖的培养基中容易形成，而在普通培养基中往往不形成糖被。多杀性巴氏杆菌形成橘红色荧光型及黏液型菌落的细菌有荚膜，蓝色型菌落的细菌不具有荚膜，无色型菌落的细菌无荚膜。新分离到的多杀性巴氏杆菌强毒菌株具有黏液型荚膜，触片染色镜检菌体周围可以隐约地看到大约为菌体 1/3 宽的荚膜（发亮），并产生毒素，但经培养后荚膜迅速消失；支气管败血波氏杆菌Ⅰ相菌有荚膜，变异菌相丧失荚膜。

**2. 鞭毛（flagellum）** 鞭毛是在多数弧菌、螺菌、许多杆菌及个别球菌的菌体表面生长出的 1 根至数十根细长并呈波状弯曲的丝状蛋白质附属物，由基体、鞭毛钩和鞭毛丝 3 部分构成。鞭毛的直径为 5～20 纳米，长度比菌体长几倍，为 5～20 微米。通常只能用电子显微镜下能直接观察到细菌的鞭毛，但是经过特殊的鞭毛染色法（附录 2）可以用普通光学显微镜观察到，在暗视野显微镜下，不用染色即可以见到鞭毛丛。

根据鞭毛的数量和在菌体上的排列可将细菌分为 5 种（图 2-3）：①偏端单生鞭毛菌。在菌体的一端只生 1 根鞭毛。②两端单生鞭毛菌。在菌体两端各生 1 根鞭毛。③偏端丛生鞭毛菌。菌体一端生出 1 束鞭毛。④两端丛生鞭毛菌。菌体两端各生出 1 束鞭毛。⑤周生鞭毛菌。菌体周身都生有鞭毛。

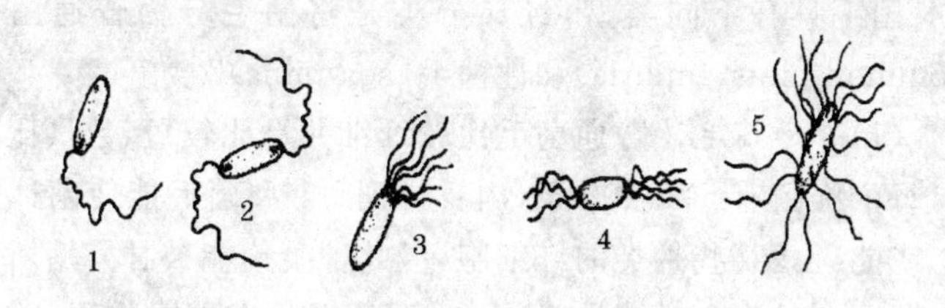


**图 2-3　细菌鞭毛的类型**

1. 偏端单生　2. 两端单生　3. 偏端丛生　4. 两端丛生　5. 周生

鞭毛的主要功能：①鞭毛是细菌的运动器官，由鞭毛蛋白（flagillin）的亚单位组成，有与动物的肌动蛋白相似的收缩作用。鞭毛犹如轮船的螺旋桨有规律地收缩，通过旋转而使菌体运动，而且运动速度很快。②细菌是否产生鞭毛，以及鞭毛的数目和排列方式，都具有种的特征，可以作为鉴定细菌的依据之一。③鞭毛具有抗原性，称为鞭毛抗原或 H 抗原，不同细菌的 H 抗原具有型特异性，常作为血清学鉴定的依据之一。

支气管败血波氏杆菌有周身鞭毛，有运动性，在半固体平板表面呈明显的膜状扩散生长，扩散膜边缘比较光滑；但 0.05%～0.1%琼脂半固体高层穿刺 37℃培养，只在表面或者表层生长，不呈扩散生长。产毒性多杀性巴氏杆菌没有鞭毛，不能运动。

**3. 菌毛(pili 或 fimbria)** 菌毛是在大多数革兰氏阴性菌和少数革兰氏阳性菌菌体表面生长出的一种较短而且直硬的毛发状细丝，又称为纤毛、柔毛、须毛或伞毛。菌毛从菌体细胞的细胞膜产生，穿过细胞壁延伸出来，直径为 2～10 纳米，长度为 0.2～1.5 微米，只有在电子显微镜下才能看见。菌毛比鞭毛数量更多、更细、更短。

菌毛具有不同类型，经典分类是将菌毛分为普通菌毛(common pilus，fimbria)和性菌毛(sex pilus)2 类。

(1)普通菌毛　普通菌毛比较纤细并且比较短，数量比较多，每个细菌有 50～400 条，周身排列。1 型菌毛能使菌体自凝，或能凝集某些种类的红细胞，但此种凝集能被甘露糖所抑制，即所谓甘露糖敏感性血凝。4 型菌毛具有黏附作用，能使细菌牢固地附着于动物消化道、呼吸道和泌尿生殖道的黏膜上皮细胞上，是公认的毒力因子。

(2)性菌毛　是由质粒携带的致育因子(Ferility factor)(F 因子)编码产生的，故又称 F 菌毛。性菌毛比较粗、长，每个细菌一般不超过 4 条，与细菌的接合(conjugation)有关。

接合是细菌通过性菌毛相互连接沟通，将遗传物质（主要是质粒 DNA）从供体菌转移给受体菌（图 2-4）。另外，性菌毛也是噬菌体吸附在细菌表面的受体。

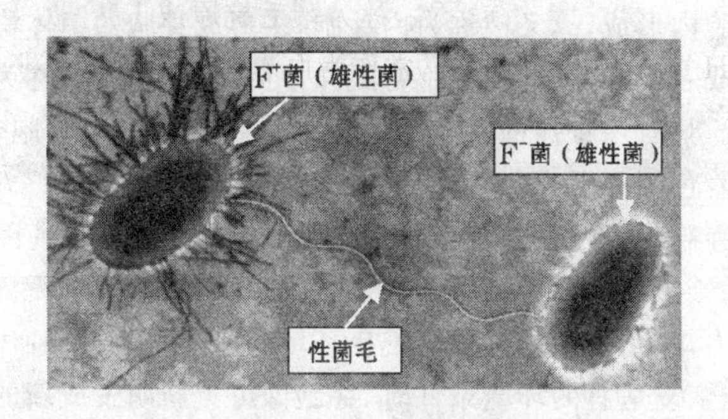


图 2-4　细菌接合

菌毛是一种空心的蛋白质管，由菌毛素亚单位组成，每根菌毛的菌毛素多达 1 000 多个。Salit 认为，菌毛属于黏性蛋白质，它不仅能使菌细胞黏附上皮细胞，而且本身也能互相粘连，导致自动聚集。菌毛具有良好的抗原性，与致病性有关，但与运动无关。

支气管败血波氏杆菌能产生丝状菌毛，可以凝集多种动物的红细胞，又称为“丝状血凝素”（filamentous hemagglutinin, FHA），直径为 2～3 纳米，长为 40～100 纳米。这种菌毛样结构介导非进行性萎缩性鼻炎猪鼻腔上皮细胞上，通过菌毛的黏附作用定居在猪鼻腔黏膜上，从而建立持续感染，导致炎症反应和鼻甲骨萎缩病变，同时为产毒性多杀性巴氏杆菌在猪鼻腔的定居起到一种先导作用，形成这两种细菌的混合感染，发生严重的持续性萎缩性鼻炎。

**4. 芽胞(spore)**　芽胞是某些革兰氏阳性菌生长发育后期,在一定的环境条件下,在菌体细胞内形成的一个圆形或卵圆形、厚壁、折光性强、含水量低、抗逆性强的休眠构造,因其在细胞内形成,故又被称为内芽胞,未形成芽胞的菌体称为繁殖体或者营养体,老龄芽胞将脱离原菌体独立存在,称为游离芽胞。只有用特殊的芽胞染色法(附录 3)才能使芽胞着色,一经着色则不易脱色。

芽胞一般在细菌营养不足时形成,并受菌体内基因的控制,由于每一个营养细胞内仅形成 1 个芽胞,故芽胞无分裂繁殖能力,只是细菌抵抗外界不良环境、保存生命的一种休眠结构,当恢复适宜的环境条件时,芽胞即可重新萌发成新的营养体(图 2-5)。

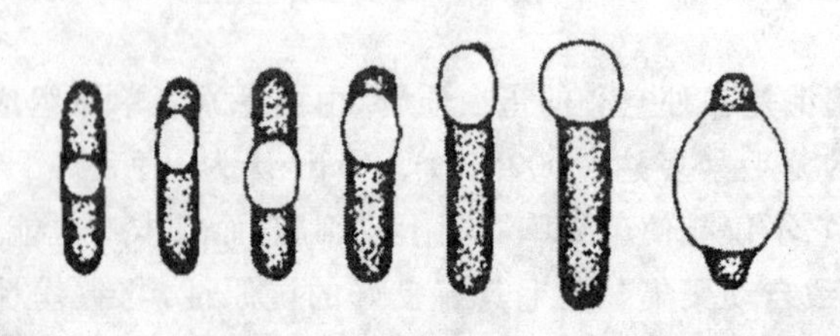

**图 2-5　细菌芽胞的类型**

芽胞的主要功能:①芽胞有很厚的芽胞壁和多层结构的芽胞膜,结构多层而且致密,各种理化因子不易透入。②芽胞含水量少(仅含 40%左右),折光性强,使蛋白质受热不易变性,芽胞内含有一种特有的吡啶二羧酸(DPA),能提高芽胞的耐热性。此外,芽胞还含有一些抗热物质,使其免受辐射、干燥、高温等破坏,在萌发时则可作为碳源和能源。一般的细菌繁殖体经 100℃煮沸 30 分钟可以杀死，但形成芽胞后，可耐受 100℃数小时。③芽胞的形状、大小、位置随不同细菌而异，具有鉴别的意义(图 2-6)。

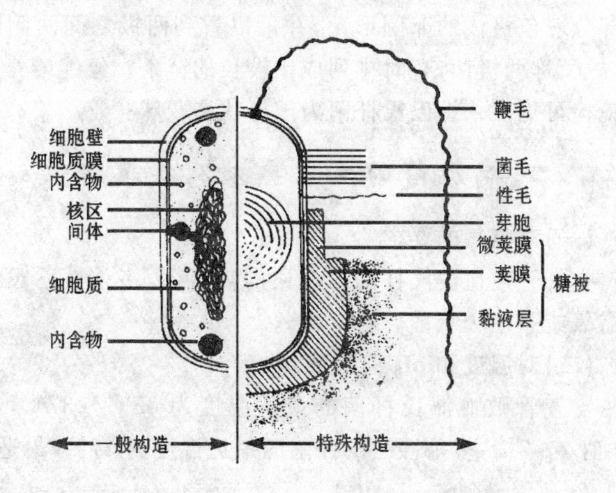


图 2-6 细菌细胞的模式构造

产毒性多杀性巴氏杆菌和支气管败血波氏杆菌都是革兰氏阴性菌，因此都不形成芽胞。

## 第二节 病原菌的理化特性及免疫学特性

### 一、病原菌的染色特性

#### (一)支气管败血波氏杆菌的染色特性

革兰氏染色阴性，碱性美蓝染色见有两极着色的小杆菌，单个散在或成对排列，有时形成短链。

### (二)多杀性巴氏杆菌的染色特性

革兰氏染色阴性,在新鲜的病料涂片上,用瑞氏液染色或碱性美蓝染色,可见典型的两极着染,即菌体两端染色深、中间部分着色极浅的卵圆形菌,并可以看到两极之间两侧的连线,故又称两极菌,有时排列成比较长的链条。经纯培养后涂片镜检可见多杀性巴氏杆菌为球杆状和双球状。

## 二、病原菌的生长要求及培养特性

### (一)对氧气的要求

支气管败血波氏杆菌为严格的需氧菌,多杀性巴氏杆菌为需氧或兼性厌氧菌。

### (二)对温度和 pH 值的要求

支气管败血波氏杆菌的最适温度为 35℃～37℃,最适 pH 值 7～7.2,多杀性巴氏杆菌的最适温度为 37℃,最适 pH 值 7.2～7.4。

### (三)对营养的要求

支气管败血波氏杆菌在普通琼脂培养基上容易生长,但极易变异。常用的培养基有血红素呋喃唑酮改良麦康凯琼脂平板(HFMa)、绵羊血改良 B-G 平板、鲍-金氏培养基和血液琼脂培养基。多杀性巴氏杆菌对营养要求比较严格,在普通培养基上虽然能生长,但发育不良,在麦康凯培养基上不生长,在加有血液、血清或者微量血红蛋白的培养基中生长良好。常用的培养基有血清琼脂培养基、血液琼脂培养基和血清肉汤培养基。

### (四)菌落类型与形态

#### 1. 病原菌菌落类型

(1)根据菌落形态为依据分型　多杀性巴氏杆菌以形态

为依据一般可以分为 3 个类型：即光滑型（smooth type colony）、粗糙型（rough type colony）和黏液型（mucoid type colony）菌落。光滑型菌落又称 S 型菌落，多从急性死亡动物分离培养得到，此种菌落特点为表面光滑、湿润、边缘整齐，至于其他特点如凸起或扁平、色素、透明度、溶血等可因菌种而异；粗糙型菌落又称 R 型菌落，多从带菌动物分离培养得到，此种菌落表面粗糙、干燥、边缘不整齐；黏液型菌落又称 M 型菌落，此型菌落表面光滑、湿润、呈黏液状，以接种环触之可拉出丝状物。多杀性巴氏杆菌的光滑型和黏液型菌落含有荚膜物质。支气管败血波氏杆菌可分为光滑型和粗糙型。

（2）根据血清相为依据分型　支气管败血波氏杆菌以血清相为基础可以分为 5 种：①将光滑型菌落分为 4 个类型：即原型Ⅰ相菌、变异型Ⅰ相菌、中间相菌和Ⅲ相菌落型。②另外一种是粗糙菌落型，属于中间血清相。这 5 种菌落型都能够获得稳定的菌株。

（3）根据菌落有无荧光及荧光的色彩分型　新从病料内分离到的多杀性巴氏杆菌强毒株，在血清琼脂平板上，37℃温箱培养 24 小时，将生长的菌落置于解剖显微镜载物台上，使光源 45°角折射于菌落表面，用低倍镜观察，可见在菌落表面发出不同颜色的荧光。根据有无荧光及荧光的色彩，可以将多杀性巴氏杆菌分为 3 型。

①蓝色荧光型（Fg 型）　此型菌落小，中央呈蓝绿色荧光，边缘具有狭窄的红黄光带，对猪、牛、羊等家畜为强毒株，对鸡等禽类的毒力弱，Fg 型菌制成菌苗免疫动物，能抵抗 Fg、Fo 型强毒菌攻击。

②橘红色荧光型（Fo 型）　此型菌落大，中央呈橘红色荧光，边缘有乳白色光带，对兔和鸡等为强毒株，对猪、牛、羊等

家畜的毒力则微弱，Fo 型菌制成菌苗免疫动物，只能抵抗 Fo 型强毒菌攻击。

③无荧光型（Nf 型） 上述 Fg 型和 Fo 型经过多次传代以后，毒力降低或者转为无毒力时，则成为仅呈现微弱的蓝色以至无色、也没有毒力的 Nf 型菌落。

**2. 病原菌在不同培养基上的菌落形态**

(1) 支气管败血波氏杆菌在不同培养基上的菌落形态 ①在血红素呋喃唑酮改良麦康凯琼脂平板（HFMa）上，需培养 40～48 小时才出现直径为 1～2 毫米的圆整、光滑、隆起、透明，略呈茶色的菌落，较大的菌落中心比较厚呈茶黄色，对光观察呈浅蓝色。②在绵羊血改良 B-G 平板上培养 40～48 小时，形成珠状或者半圆形乳白色菌落，直径为 0.5～0.8 毫米，光滑不透明，菌落周围有明显的β溶血环。③在鲍-金氏培养基上培养 24 小时，可以看到针尖大小、透明的小菌落，48 小时菌落增大至 2 毫米左右，灰褐色，半透明或者不透明，光滑隆起，有一种特殊的霉臭味，菌落密集处形成灰褐色菌苔。④在血液琼脂培养基上培养 48 小时，形成灰白色、圆形较大菌落（直径为 2 毫米以上），菌落周围有明显的溶血环。⑤在普通琼脂培养基上生长后，形成光滑、湿润、烟灰色、半透明、隆起的中等大菌落。

(2) 多杀性巴氏杆菌在不同培养基上的菌落形态 ①在血红素呋喃唑酮改良麦康凯琼脂平板上不生长。②在血清琼脂培养基上培养 24 小时后，可以长成淡灰白色、边缘整齐、表面光滑、闪光的露珠状小菌落。③在血液琼脂培养基上培养 24 小时后，可以长成湿润、丰盛、极细小透明的水滴样小菌落。48 小时形成圆形、隆起、光滑、灰白色、中等大小的菌落，直径为 2～3 毫米，菌落周围无溶血现象。④在血清肉汤培养基上培养，开始轻度浑浊，4～6 天液体变成清朗，于管底生成黏稠沉淀物，振摇后不分散，并在其表面形成菲薄的附壁菌膜。⑤普通肉汤培养基上培养，开始呈均匀浑浊生长，以后生成沉淀，振摇时沉淀物呈辫状升起。⑥在普通琼脂上形成细小透明的露珠状菌落。⑦明胶穿刺培养，沿穿刺孔呈线状生长，上粗下细。

A 型的菌落比 D 型菌落大并且湿润，在血液琼脂平板上产生特征性气味。

## 三、病原菌的血清型

### (一)多杀性巴氏杆菌的血清型

1995 年，根据多杀性巴氏杆菌的不同荚膜物质，美国的 Carter 用间接血凝试验将多杀性巴氏杆菌荚膜抗原(K 抗原)分为 6 个血清型，用大写英文字母表示：A、B、C、D 和 E、F 型。C 型只分布在南非，而且做成菌苗抗体滴度不高，实际价值不大，所以只有 A、B、D、E 4 型具有实用价值。1972 年，Heddleston 用琼脂扩散试验对菌体耐热抗原进行分型，将多杀性巴氏杆菌的菌体抗原(O 抗原)分为 16 个型，用阿拉伯数字表示。各种动物感染多杀性巴氏杆菌病的主要血清型不同，见表 2-1。

**表 2-1　各种动物感染多杀性巴氏杆菌病的主要血清型**

| 宿　主 | 疾　病 | 常见血清型 |
|---|---|---|
| 禽 | 禽霍乱 | 1∶A,5∶A,8∶A,9∶A |
| 牛 | 牛出败 | 6∶B,6∶E |
| 猪 | 猪肺疫 | 1∶A,3∶A,5∶A,8∶A,6∶B,1∶D,2∶D,4∶D,10∶D |
| 绵　羊 | 肺　炎 | 6∶B,1∶D,4∶D |
| 兔 | 肺　炎 | 7∶A,5∶A |

我国分离的禽多杀性巴氏杆菌以1∶A、5∶A为多，其次为8∶A、9∶A；猪的以5∶A和6∶B为主，8∶A与2∶D为次；牛的为6∶B，还有6∶E；羊的以6∶B为多；家兔一般可以分离出A型和D型，以7∶A为主，其次为5∶A。C型菌为猫、狗的正常栖居菌，E型不常见，F型主要发现于火鸡，致病作用均不清楚。其中A、B两型毒力最强，常常造成流行性疾病，D型的毒力较弱，常为散发性。

猪临床常见的主要血清型有3种：即A型、B型和D型，这3种血清型都可以存在于猪的呼吸道中，其中D型多杀性巴氏杆菌常驻于猪的扁桃体和上呼吸道中，诱发猪传染性萎缩性鼻炎的多杀性巴氏杆菌绝大多数属于D型，毒力比较强，少数是A型，而且是弱毒株；A型和B型多杀性巴氏杆菌常引起猪的细菌性肺炎。

**(二)支气管败血波氏杆菌的血清型**

支气管败血波氏杆菌具有3个菌相：即原型Ⅰ相菌、中间相菌和Ⅲ相菌。初代分离物为原型Ⅰ相菌，是有荚膜的球形或球杆状菌，它具有表面K抗原、鞭毛抗原和强烈的坏死毒菌；中间相菌和Ⅲ相菌的毒力弱。

## 四、病原菌的变异性

病原微生物的遗传性是相对的，而其变异性是绝对的，当病原微生物不断受到外界环境尤其是机体的作用时常改变其特性，即出现变异。常见的变异现象有形态变异、培养特性变异、生化变异、毒力变异、抗原变异、耐药性变异以及对理化因素抵抗力的变异等。其中毒力变异和抗原性变异与致病作用密切相关，每次变异都能给传染病的流行性带来新的问题。

### (一)形态变异

细菌的大小和形态在不同的生长时期可不同,生长过程中受外界环境条件的影响也可以发生变异。细菌的一些特殊结构,如荚膜、芽胞、鞭毛等也可以发生变异。

**1. 支气管败血波氏杆菌的形态变异** 支气管败血波氏杆菌初代分离物原型Ⅰ相菌的菌体呈整齐的革兰氏阴性球杆状或球状,有荚膜、鞭毛和菌毛;Ⅰ相菌由于抗体的作用或在不适当的条件下生长和保存,极易变异为中间相菌、Ⅲ相菌,但主要变异血清相为Ⅲ相菌,变异的中间相菌和Ⅲ相菌的形态以杆状为主,并且完全丧失荚膜和鞭毛。另外,实验发现,用在培养基上稳定的Ⅲ相菌株大菌量接种3月龄以下猪只时,Ⅲ相菌可以在呼吸道内全部或者部分反祖为Ⅰ相菌。

**2. 多杀性巴氏杆菌的形态变异** 新分离到的多杀性巴氏杆菌强毒菌株具有黏液性荚膜,但经培养后荚膜迅速消失;在用多杀性巴氏杆菌的纯培养物做涂片检查时,大部分不表现两极染色,即看不到两极两侧之间的连线,而常呈球杆状或者双球状;形成橘红色荧光型及黏液型菌落的细菌是单个散在或数个菌连成的短链,有荚膜,蓝色荧光型菌落的细菌不具有荚膜,无色型菌落的细菌成细丝状长链,无荚膜;产毒性多杀性巴氏杆菌在强碱性培养基中可以长成菌丝。

### (二)菌落变异

细菌经人工培养多次传代后菌落表面变为粗糙、干燥、边缘不整,即从光滑型(S)变为粗糙型(R),称为S-R变异(图2-7)。变异时不仅菌落的特征发生改变,而且细菌的理化性状、抗原性、代谢酶活性及毒力等也发生改变。一般而言,光滑型菌的致病性强,但有少数细菌是粗糙型菌的致病性强,如结核分枝杆菌、炭疽芽胞杆菌和鼠疫耶尔森氏菌等。

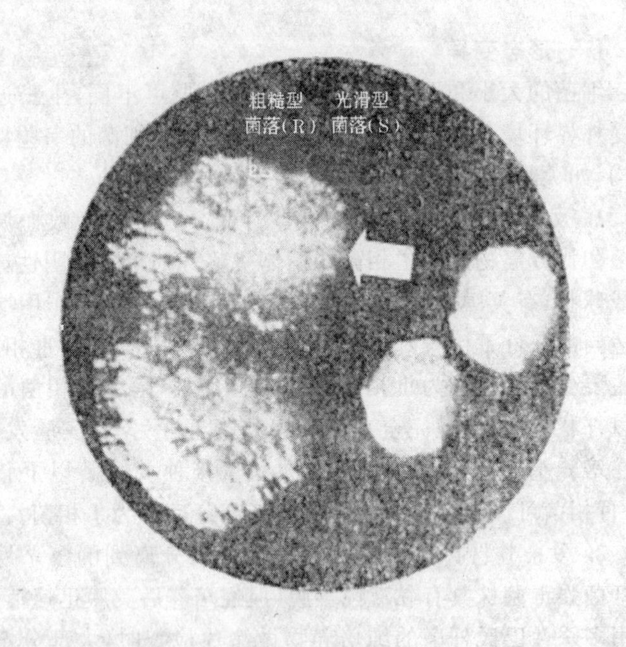


图 2-7 S-R 变异(是指菌落的 S 型与 R 型之间的变异)

**1. 支气管败血波氏杆菌的菌落变异** 支气管败血波氏杆菌在培养基上极易发生菌落变异。

(1) Ⅰ相菌 菌落小,光滑,乳白色,不透明,边缘整齐,隆起呈半圆形或者珠状,钩取时质地致密柔软,容易制成均匀菌液,菌落周围有明显的溶血环。

(2) Ⅲ相菌 菌落比Ⅰ相菌落大数倍,光滑,呈灰白色,透明度大,扁平,质地比较稀软,不溶血。

(3) 中间相菌 菌落形态在Ⅰ相菌及Ⅲ相菌之间。

**2. 多杀性巴氏杆菌的菌落变异** 多杀性巴氏杆菌在琼脂培养基上菌落可以分化为以下几种。

(1)平滑型或荧光型菌落　中等大小，分散，可以用血清学方法分型。

(2)粗糙型或蓝色菌落　小而分散。

(3)黏液型菌落　菌落大而平滑，来源于牛或猪呼吸道的菌株不形成水样性黏液状菌落，不能用通常的血清学方法分型。

(4)在人工培养或保存条件下 Fg 型和 Fo 型　可以发生互相转变，Fg 型可以变为仅呈现微弱的蓝色以至不带荧光的 Nf 型菌落，毒力降低或者转为无毒力。

(5)从急性死亡动物分离培养的为光滑型菌落　菌落光滑、圆整，半透明的中等，折射光线下观察，显示荧光。从带菌者或慢性患病动物分离培养的为中间型菌落，菌落大而粗糙、不透明。从带菌动物分离培养的为粗糙型菌落，菌落干燥、粗糙。

**(三)抗原变异**

所谓病原微生物的“型”或“群”实际上都是抗原性差别的表现，因为“型”或“群”都是用凝集反应、沉淀反应、血凝抑制反应、补体结合反应以及中和试验等血清学方法鉴别出来的，而抗原差别又是抗原变异的结果，那些具有许多“型”或“群”的病原微生物大都是易于变异的微生物。细菌在发生形态变异和菌落变异时，常常伴随抗原性的变异，革兰氏阴性菌如果发生 S-R 变异，则细菌将失去特异性 O 抗原，出现抗原性的改变。

支气管败血波氏杆菌具有菌体抗原、荚膜抗原和鞭毛抗原，其初代分离物原型Ⅰ相菌在人工培养基上极易变异为中间相至Ⅲ相，而丧失荚膜和鞭毛，抗原性发生变异：①Ⅰ相菌活菌玻片凝集定相试验中对 K 抗血清呈迅速的典型凝集，对 O 抗血清完全不凝集。Ⅰ相菌感染病例在平板上，应不出现中间相和Ⅲ相菌落。②Ⅲ相菌活菌玻片凝集定相试验中对K抗血清完全不凝集,对O抗血清呈明显凝集。③中间相菌对K抗血清及O抗血清都凝集。④多杀性巴氏杆菌根据特异性荚膜抗原和菌体抗原。粗糙型或蓝色菌落可自家凝集。

**(四)毒力变异**

所谓毒力变异,是表示菌株或者菌型之间的病原性差异,具体表现在所感染的动物、组织和细胞范围及引起的症状、病变和死亡的程度方面的改变。毒力变异可以表现为毒力增强和毒力减弱。

**1. 支气管败血波氏杆菌的毒力变异**　①支气管败血波氏杆菌由猪传染性萎缩性鼻炎病猪分离后,在人工培养基上发生Ⅰ相菌向中间相至Ⅲ相菌变异,变异株的红细胞凝集和黏附上皮细胞的能力都会减弱或消失,即毒力减弱或消失。②用在试管内稳定的Ⅲ相菌株大菌量接种7日龄仔猪时,在仔猪呼吸道内全部反祖为Ⅰ相菌,毒力增强,并引起鼻甲骨轻度至中度萎缩,但与原型Ⅰ相菌相比毒力还是明显低的。用Ⅲ相菌株接种2.5～3月龄的猪则有半数以上的猪反祖为Ⅰ相菌,部分病例发生轻度萎缩性病变;没有反祖为Ⅰ相菌者,则迅速从呼吸道中被清除,接种后4～16天已经不再分离到细菌,此与某些国外学者说法有所不同,可能是由于在不同国家、地区进行的试验所用菌株的毒力及其用量不同而造成差异。虽然说Ⅲ相菌株在培养基上十分稳定,从未发现反祖为Ⅰ相菌,但根据在大部分猪鼻腔内反祖为Ⅰ相菌并引起持续感染和轻、中度病变,说明Ⅲ相菌株不能作为仔猪滴鼻免疫用的弱毒菌株。③实验证明,产生纤毛的Ⅰ相菌株的毒性(如皮内注射家兔和仔猪的皮肤坏死毒性、滴鼻感染仔猪的致鼻甲骨萎缩能力和腹腔注射小鼠致死毒性)都明显强于不产生纤毛的Ⅲ相变异株。

**2. 多杀性巴氏杆菌的毒力变异** ①多杀性巴氏杆菌的平滑型或荧光型菌落对小鼠毒力很强，粗糙型或蓝色菌落对小鼠毒力低，黏液型菌落对小鼠具有中等毒力。②急性死亡动物的分离物肉汤培养，均匀一致浑浊，对小白鼠有一定致病力；带菌者或者慢性患病动物的分离物肉汤培养一致浑浊，对小白鼠致病力不强；带菌动物的分离物肉汤培养有颗粒状沉淀物，对小白鼠致病力弱。③在人工培养或保存条件下，Fg型和Fo型可以发生互相转变，Fg型可以变为Nf型菌落，毒力降低或者转为无毒力。

## 五、病原菌的生化特性

### （一）细菌常用的生化反应试验

**1. 甲基红试验(MR)/维培试验(VP)** 试验原理是有些细菌能分解培养基中的葡萄糖而产酸，当产酸量大，使培养基的pH值降至4.5以下时，加入甲基红指示剂而变红[甲基红的变色范围为pH值4.4(红色)～6.2(黄色)]，此为甲基红试验。当细菌发酵葡萄糖产生丙酮酸，丙酮酸再变为乙酰甲基甲醇；乙酰甲基甲醇又变成2,3-丁二烯醇，2,3-丁二烯醇在碱性条件下氧化成为二乙酰，二乙酰和蛋白胨中精氨酸胍基起作用产生粉红色的化合物，此为VP试验。这两个试验密切相关，对一种细菌而言，两者只能居其一。

(1)培养基 葡萄糖蛋白胨水溶液。

(2)甲基红试剂 甲基红0.02克，95%酒精60毫升，蒸馏水40毫升。

(3)维培试验试剂

①甲液 α-萘酚酒精溶液(α-萘酚5克，95%酒精100

毫升)。

②乙液 氢氧化钾溶液(氢氧化钾 40 克,水 100 毫升)。

将甲液和乙液分别装于棕色瓶中,于 4℃～10℃保存。或者硫酸铜 1 克,浓氨水 40 毫升,10%氢氧化钾 950 毫升,蒸馏水 10 毫升。

(4)甲基红试验方法 取一种细菌的 24 小时培养物,接种于葡萄糖蛋白胨水培养基中,置 37℃培养 48～72 小时,取出后加甲基红试剂 3～5 滴,凡培养液呈红色者为阳性,以"+"表示;橙色者为可疑,以"±"表示;黄色者为阴性,以"－"表示。

(5)维培试验方法 取一种细菌的 24 小时纯培养物,接种于葡萄糖蛋白胨水培养基中,置 37℃培养 48～72 小时。取出后在培养液中先加 VP 试剂甲液 0.6 毫升,再加乙液 0.2 毫升,充分混匀。静置在试管架上,15 分钟后培养液呈红色者为阳性,以"+"表示;不变色为阴性,以"－"表示。1 小时后可出现假阳性。

**2. 淀粉水解试验** 有的细菌具有淀粉酶,能将培养基中的淀粉水解成麦芽糖。淀粉水解后遇碘液不再呈蓝紫色反应。

(1)培养基与试剂 3%可溶性淀粉琼脂平板(普通琼脂 900 毫升加 3%可溶性淀粉溶液 100 毫升)和革兰氏碘溶液。

(2)试验方法 将细菌划线接种于 3%可溶性淀粉琼脂平板上,在 37℃培养 24 小时。取出平板,在菌落处滴加碘液少许,观察。培养基呈深蓝色,说明淀粉未被水解,即淀粉酶阴性。能水解淀粉的细菌其菌落周围有透明的环(即淀粉酶阳性)。

**3. 氧化酶试验** 氧化酶又名细胞色素氧化酶、细胞色素氧化酶C或呼吸酶。试验用于检测细菌是否有该酶存在，阳性反应限于那些能够在氧气存在下生长的同时产生细胞内细胞色素氧化酶的细菌。

(1)试剂 1%四甲基对苯二胺溶液，新鲜配制，装棕色瓶贮存，4℃，可保存1个月。

(2)试验方法 加2～3滴试剂于滤纸上，用牙签挑取1个菌落到纸上涂布，观察菌落的反应。阳性反应在5～10秒由粉红色至黑色，15分钟后可以出现假阳性反应。也可以将试剂滴在细菌的菌落上，菌落呈玫瑰红色然后到深紫色者为阳性。也可以在菌落上加试剂后倾去，再徐徐滴加用95%酒精配制的1%的α-萘酚溶液，当菌落变成深蓝色者为细胞色素氧化酶阳性。

**4. 枸橼酸盐利用试验** 以枸橼酸钠为惟一碳源，磷酸铵为惟一氮源，若细菌能利用这些盐作为碳源和氮源而生长，则利用枸橼酸钠产生碳酸盐，与利用铵盐产生的$NH_3$反应，形成$NH_4OH$，使培养基变碱，pH值升高，指示剂溴麝香草酚蓝由草绿色变为深蓝色。

(1)培养基 Simmon氏枸橼酸钠微量发酵管或琼脂斜面培养基。

(2)试验方法

①微量法 取纯培养细菌接种于枸橼酸盐培养基内，置37℃培养48～72小时，如培养基由草绿色变为深蓝色为阳性，以“+”表示，否则为阴性，以“-”表示。

②常量法 将被检菌纯培养物或单个菌落划线于枸橼酸钠琼脂斜面并在37℃培养24～48小时。肠杆菌、枸橼酸杆菌和一些沙门氏菌种产生阳性反应，可见菌体生长良好或培养基显示深蓝色。

**5. 吲哚(靛基质)试验** 有些细菌具有色氨酸酶,能分解蛋白质中的色氨酸而产生吲哚。吲哚本身无色,不能直接观察,如果与吲哚试剂中的对二甲基氨基苯甲醛作用,形成红色的玫瑰吲哚,即为吲哚试验阳性。本试验常用于鉴别某些肠道杆菌。

(1)培养基 Dumham 氏蛋白胨水溶液:蛋白胨 1 克,氯化钠 0.5 克,蒸馏水 100 毫升。将蛋白胨与氯化钠加入蒸馏水中,加热溶解后调 pH 值为 7.6,再煮沸加热 30 分钟。待冷却后用滤纸过滤,分装,121℃高压蒸汽灭菌 15 分钟。

(2)Ehrlich 氏试剂 对二氨基苯甲醛 1 克,无水乙醇 95 毫升,浓盐酸 20 毫升。先用乙醇溶解试剂后加盐酸,避光保存。

(3)Kovac 氏试剂 对二氨基苯甲醛 5 克,戊醇(或异戊醇)75 毫升,浓盐酸 25 毫升。

(4)试验方法

①试管试验法 用接种环将待检菌新鲜斜面培养物接种于 Dunham 氏蛋白胨水溶液中,置 37℃培养 24～48 小时(可延长 4～5 天);于培养液中加入戊醇或二甲苯 2～3 毫升,摇匀,静置片刻后,沿试管壁加入 Ehrlich 氏或 Kovac 氏试剂 2 毫升。

②斑点试验法 将一片滤纸放在培养皿的盖子上或一张载玻片上;滴加 1～1.5 毫升试剂液于滤纸上使其变湿;取 18～24 小时血琼脂平板培养物涂布于浸湿的滤纸上;在 1～3 分钟内棕色的试剂由紫红变为红色者为阳性。

③加热试验法 将一小指头大的脱脂棉,滴上 2 滴 Ehrlich 氏试剂,再在同一处加滴 2 滴高硫酸钾饱和水溶液,置于含培养液的被检试管中,离液面约 1.5 厘米;将被检试管放入烧杯或搪瓷缸水浴煮沸为止;脱脂棉上出现红色者为阳性。

若将试剂加到液体中，吲哚和粪臭素均呈阳性反应，而用此法，只是吲哚(具挥发性)呈阳性反应。

**6. 硫化氢试验** 有些细菌能分解培养基中的胱氨酸、甲硫氨酸等含硫氨基酸，产生硫化氢。产生的硫化氢与培养基中的醋酸铅或硫酸亚铁发生反应，则生成黑褐色的硫化铅或硫化铁沉淀，黑褐色沉淀物越多，表示生成的硫化氢量越多，因此可以间接地检测细菌是否产生硫化氢。

(1)培养基 可用成品微量发酵管、醋酸铅琼脂或三糖铁琼脂斜面。

(2)试剂 取10克醋酸铅溶于50毫升沸蒸馏水中即为饱和醋酸铅溶液。

(3)试验方法

①微量法 取一种细菌纯培养物，接种于硫化氢微量发酵管中，置37℃培养24小时后观察结果。培养液呈黑色者为阳性，以"＋"表示，不变颜色者为阴性，无色者为阴性，以"－"表示。

②常量法 用接种针蘸取纯培养物，沿试管壁做穿刺醋酸铅琼脂或三糖铁培养基，37℃培养24～48小时或更长时间，培养基变黑者为阳性。或者将纯培养物接种于肉汤、肝浸汤琼脂斜面或血清葡萄糖琼脂斜面，在试管壁和棉花塞间夹1个6.5厘米×0.6厘米大小浸有饱和醋酸铅溶液的试纸条，培养于37℃，观察，纸条变黑色者为阳性，不变颜色者为阴性。

**7. 脲酶试验** 脲酶又名尿素酶。某些细菌具有尿素酶，因此，在含有尿素的培养基中，能分解尿素产生2分子氨，使培养基pH值升高，变碱，此时培养基中的指示剂酚红显示出红色，即证明该细菌有脲酶。

(1)培养基 尿素微量发酵管或Christensen氏尿素琼脂

培养基。

Christensen 氏尿素琼脂培养基：蛋白胨 10 克，葡萄糖 1 克，氯化钠 5 克，磷酸二氢钾 2 克，0.4%酚红溶液 3 毫升，琼脂 20 克，20%尿素溶液 100 毫升，蒸馏水 900 毫升。

除尿素溶液外，将上述成分依次加入蒸馏水中，加热溶解，调 pH 值至 7.2，121℃高压蒸汽灭菌 15 分钟，待冷至 50℃～55℃加入已滤过菌的尿素溶液，混匀分装于灭菌试管，放成斜面冷却备用。

(2)试验方法　用接种环将待检菌培养物接种于尿素琼脂斜面，不要穿刺到底，下部留作对照。置 37℃培养，于 1～6 小时检查(有些菌分解尿素很快)，有时需培养 24 小时至 6 天(有些菌则缓慢作用于尿素)。阳性反应，则琼脂斜面呈现由粉红色至紫红色。

**8. 触酶试验**　本试验是检测细菌有无触酶的存在。过氧化氢的形成看作是糖需氧分解的氧化终末产物，因为过氧化氢的存在对细菌是有毒性的，细菌产生酶将其分解，这些酶为触酶(过氧化氢酶)和过氧化物酶。

(1)试剂　3%过氧化氢(新配)溶液。

(2)试验方法　可用接种环将一菌溶液落放于载玻片的中央，加 1 滴 3%过氧化氢溶液于菌落上，立即观察有无气泡出现，也可在菌落和过氧化氢混合物之上放一张盖玻片，可帮助检出轻度反应，还可降低细胞的气溶胶颗粒的形成。或直接将 3%过氧化氢溶液加到琼脂培养斜面或平板上直接观察有无气泡出现(血琼脂平板除外)。

**9. 氧化型与发酵型(O/F)试验**　不同细菌对不同的糖分解能力及代谢产物不同，这种能力因是否有氧气的存在而异，有氧条件下称为氧化，无氧条件下称为发酵。

（1）培养基　蛋白胨2克，氯化钠5克，磷酸氢二钾0.3克，葡萄糖10克，琼脂3克，1%溴麝香草酚蓝3毫升，蒸馏水1 000毫升。将蛋白胨、盐、琼脂和水混合，加热溶解，校正pH值至7.2，然后加入葡萄糖和指示剂，加热溶解；分装试管，3～4毫升/管；115℃，高压蒸汽灭菌20分钟，取出后冷却成琼脂柱。

（2）试验方法　挑取18～24小时的幼龄斜面培养物，穿刺接种，每种细菌接种2管，于其中1管覆盖1毫升灭菌的液状石蜡，37℃培养48小时或者更长时间，最长可达7天。

（3）结果判定　只在没有覆盖石蜡的一管发酵糖产酸或产酸产气者属氧化型；两管均发酵糖产酸或产酸产气者为发酵型；两管都不生长者不予判定结果。

**10. 糖类分解试验**　细菌分解糖的能力与该菌是否含有分解某种糖的酶密切相关，是受遗传基因所决定的，是细菌的重要表型特征，有助于鉴定细菌。不同细菌具有发酵不同糖类的酶，因而分解糖类的能力各不相同，如果细菌能分解某些糖则产酸，有的则既能产酸又能产气，有的则不能分解，在含糖培养基中加入指示剂，使培养基颜色改变，从而判断细菌是否分解某种糖或其他碳水化合物。常用的糖（醇）有葡萄糖、乳糖、麦芽糖、甘露醇、蔗糖等。

（1）培养基　可用市售各种糖或醇类的微量发酵管。巴氏杆菌对营养要求较高，糖发酵试验时，可在糖培养基中加入3%无菌马血清促进其生长繁殖。

（2）试验方法　取某一种细菌的24小时纯培养物分别接种到葡萄糖、乳糖、麦芽糖、甘露醇、蔗糖培养基内，开口朝下，置灭菌培养皿中。37℃培养24小时，观察结果并记录。如果接种进去的细菌可发酵某种糖或醇，则可产酸，使培养基由紫色变成黄色[培养基内指示剂溴甲酚紫由 pH 值 7(紫色)～5.4(黄色)],如果不发酵,则仍保持紫色。如发酵的同时又产生气体,则在微量发酵管顶部积有气泡。

(3)结果判定　用符号表示。

①无变化“－”　培养液仍为紫色。

②产酸“＋”　培养液变为黄色。

③产酸又产气“⊕”　培养液变黄色,并有气泡。

**11. 石蕊牛乳试验**　石蕊是一种 pH 指示剂,当 pH 值升至 8.3 时为碱性显蓝色,pH 值降至 4.5 时为酸性显红色;pH 值接近中性,未接种的培养基为紫蓝色故称紫乳。石蕊也是一种氧化还原指示剂,可以还原为白色,所以,石蕊牛乳(紫乳)是用来测定被检细菌几种代谢性质的一种鉴别培养基。

(1)培养基　加石蕊酒精饱和溶液于新鲜脱脂乳中,分装小管,经流通蒸汽灭菌而成。

(2)试剂　①石蕊酒精溶液。8 克石蕊在 30 毫升的 40% 乙醇中研磨,吸出上清液,加乙醇研磨,连续 2 次。加 40% 乙醇至总量为 100 毫升,并煮沸 1 分钟。取用上清液,必要时可加几滴 1 摩/升盐酸使其呈紫色。现多用溴甲酚紫代替石蕊,即于 100 毫升脱脂乳中加 1.2 毫升。②1.6% 溴甲酚紫酒精溶液。

(3)试验方法与结果判定　将被检菌接种于紫乳,置 37℃温箱培养,观察结果。如果细菌分解乳糖产酸,指示剂变色(石蕊为红色,溴甲酚紫为黄色)。如果产酸产气,使牛乳酸凝,气体使凝块中有裂隙,如产气荚膜梭菌呈“爆裂发酵”。如果为紫色,表示乳糖未分解;如果为蓝色表示乳糖虽未发酵,但细菌分解培养基中所出现的氮源物质而产碱所致。如果指示剂还原则为无色,常出现在酸凝块形成之后。

**12. 硝酸盐还原试验** 有些细菌能从硝酸盐提取氧而将其还原为亚硝酸盐(偶尔还会形成 $NH_3$、$N_2$、NO、$NO_2$ 和 $NH_4OH$ 等其他产物),若向培养物中加入对氨基苯磺酸和α-萘胺,会形成红色的重氮染料对磺胺苯-偶氮-α-萘胺(锌也可还原硝酸盐为亚硝酸盐,而且可用于区别假阴性反应和真阴性反应)。

(1)培养基 蛋白胨 1 克,硝酸钾 0.1～0.2 克,蒸馏水 100 毫升。

将上述成分放于蒸馏水中加热溶解,调 pH 值至 7.4,滤纸过滤,分装试管,121℃高压蒸汽灭菌 20 分钟。在上述培养基中加入硫乙醇酸钠 0.1 克即成厌氧菌用的硝酸盐培养基。

(2)试 剂

①甲液 甲基α-萘胺 0.6 克,5 摩/升冰醋酸 100 毫升,稍加热溶解,用脱脂棉过滤,放棕色瓶中,4℃～10℃保存。

②乙液 对氨基苯磺酸 0.8 克,5 摩/升冰醋酸 100 毫升,先用 5 摩/升冰醋酸 30 毫升,溶解对氨基苯磺酸,再加冰醋酸至 100 毫升。放入带玻璃塞的玻璃瓶中 4℃～10℃保存。

(3)试验方法与结果判定 把纯菌培养物接种到硝酸盐培养基中,在 37℃培养 18～24 小时,再加试剂甲和乙各 3～5 滴,在 30 秒内出现红色即为阳性。若无颜色出现,加少量锌渣,随后出现红色则是真正的阴性试验。

**13. 苯丙氨酸脱氨酶试验** 若细菌具有苯丙氨酸脱氨酶,能将培养基中的苯丙氨酸脱氨变成苯丙酮酸,酮酸能使三氯化铁指示剂变为绿色。变形杆菌和普罗菲登斯菌以及莫拉氏菌有苯丙氨酸脱氨酶的活力。

(1)培养基 DL-苯丙氨酸 2 克(L-苯丙氨酸 1 克),氯化钠 5 克,琼脂 12 克,酵母浸膏 3 克,蒸馏水 1000 毫升,磷酸氢二钠1克。分装于小试管内，121℃高压蒸汽灭菌10分钟，制成斜面。

(2)试剂　10%氯化高铁水溶液。

(3)试验方法与结果判定　将被检菌18～24小时培养物取出，向试管内注入0.2毫升(或4～5滴)10%氯化高铁溶液于生长面上，变绿色者为阳性。

**14. 氨基酸脱羧酶试验**　这是肠杆菌科细菌的鉴别试验，用以区分沙门氏菌(通常为阳性)和枸橼酸杆菌(通常为阴性)，若细菌能从赖氨酸或鸟氨酸脱去羧基(—COOH)，导致培养基pH值变碱，指示剂溴麝香草酚蓝就显示出蓝色，试验结果为阳性。若细菌不脱羧，培养基不变则为黄色。

(1)培养基　蛋白胨5克，酵母浸膏3克，葡萄糖1克，蒸馏水1 000毫升，0.2%溴麝香草酚蓝溶液12毫升。调整pH值至6.8，在每100毫升基础培养基内，加入需要测定的氨基酸0.5克，所加的氨基酸应先溶解于1.5%氢氧化钠溶液内(L-α-赖氨酸0.5克+1.5%氢氧化钠溶液0.5毫升，L-α-鸟氨酸0.5克+1.5%氢氧化钠溶液0.5毫升)。加入氨基酸后，再调整pH值至6.8，分装于灭菌小试管内，每管1毫升，121℃高压蒸汽灭菌10分钟。

(2)试验方法与结果判定　从琼脂斜面挑取培养物少许，接种于试验用培养基内，上面加一层灭菌液状石蜡。将试管放在37℃培养4天，每天观察结果。阳性者培养液先变黄色后变为蓝色，阴性者为黄色。

**15. 胆汁溶解试验**　肺炎链球菌产生自溶酶，它能使正在生长的菌体溶解，使老龄菌落中心下陷，胆盐通过降低培养基与菌体细胞膜之间的表面张力而加速这一过程。本试验常用以鉴别肺炎链球菌和甲型溶血性链球菌。

(1)试剂　2%去氧胆酸钠溶液。

(2)试验方法与结果判定　在被检菌血琼脂平板上找到单个分散的菌落,在其上加1滴试液。再置37℃培养箱中30分钟后取出观察菌落,可见菌落消失,或尚有部分保留。培养菌在肉汤中生长,而且固体培养平板上菌落周围形成一个黑洞(孔)者是D群链球菌的标志。

**16. 明胶液化试验**　明胶是一种动物蛋白质,某些细菌具有明胶液化酶,明胶经分解后,可呈现不同的特征,有利于细菌的鉴定。

(1)培养基　明胶培养基由明胶12～15克,普通肉汤100毫升组成。将明胶加入肉汤内,水浴中加热溶解,调pH值至7.2,分装试管,115℃高压蒸汽灭菌10分钟,取出后迅速冷却,使其凝固。

(2)试验方法与注意事项　分别穿刺接种被检菌18～24小时培养物于明胶培养基,置22℃下培养,观察明胶液化状况。明胶低于20℃凝成固体,高于24℃则自行呈液化状态。因此,培养温度最好在22℃,但有些细菌在此温度下不生长或生长极为缓慢,则可先放在37℃培养,再移置于4℃冰箱经30分钟后取出观察,具有明胶液化酶者,虽经低温处理,明胶仍呈液态而不凝固。明胶耐热性差,若在100℃以上长时间灭菌,能破坏其凝固性,此点在制备培养基时应注意。

**17. JB-半乳糖苷(ONPG)试验**　细菌分解乳糖依靠2种酶的作用,一种是β-半乳糖苷酶透性酶(β-galactosidase permease),它位于细胞膜上,可运送乳糖分子渗入细胞。另一种为卢半乳糖苷酶(β-galac-tosidase),亦称乳糖酶(Lactase),位于细胞内,能使乳糖水解成半乳糖和葡萄糖。具有上述2种酶的细菌,能在24～48小时发酵乳糖,而缺乏这2种酶的细菌，不能分解乳糖。乳糖迟缓发酵菌只有β-D-半乳糖苷酶（胞内酶），而缺乏卢-半乳糖苷酶透性酶，因而乳糖进入细菌细胞很慢，而经培养基中1%乳糖较长时间的诱导，产生相当数量的透性酶后，始能较快分解乳糖，故呈迟缓发酵现象。PNPG可迅速进入细菌细胞，被半乳糖苷酶水解，释出黄色的邻位硝基苯酚（Orthonitrphenyl，ONP），故由培养基液变黄色可迅速测知β-半乳糖苷酶的存在，从而确知该菌为乳糖迟缓发酵菌。

(1)ONPG培养基　邻硝基酚β-半乳糖苷0.6克，0.01摩/升pH值7.5磷酸缓冲液1 000毫升，pH值7.5的灭菌1%蛋白胨水300毫升。先将前两种成分混合溶解，过滤除菌，在无菌条件下与1%蛋白胨水混合，分装试管，每管2～3毫升，无菌检验后备用。购不到ONPG时，可用5%的乳糖，并降低蛋白胨含量为0.2%～0.5%，可使大部分迟缓发酵乳糖的细菌在1天内发酵。

(2)试验方法　取一环细菌纯培养物接种在ONPG培养基上置37℃培养1～3小时或者24小时，如有β-半乳糖苷酶，会在3小时内产生黄色的邻硝基酚；如无此酶，则在24小时内不变色。

### (二)病原菌的生化特性

**1. 支气管败血波氏杆菌的生化特性**　①所有糖类不氧化不发酵（不产酸、不产气）。②吲哚试验阴性。③不产生硫化氢或者轻微产生。④MR试验及VP试验均阴性。⑤还原硝酸盐。⑥分解尿素及利用枸橼酸，均呈明显的阳性反应。⑦不液化明胶。⑧石蕊牛乳产碱不消化。⑨谷氨酸脱羧酶阳性（表2-2）。

表 2-2 支气管败血波氏杆菌的生化特性

| 项目 | 甲基红试验 | 维培试验 | 吲哚试验 | 尿酶试验 | 葡萄糖 | 乳糖 |
| --- | --- | --- | --- | --- | --- | --- |
| 生化反应 | － | － | － | ＋ | － | － |
| 项目 | 枸橼酸盐利用试验 | 触酶试验 | 氧化酶试验 | 石蕊牛乳试验 | 运动性 | |
| 生化反应 | ＋ | ＋ | ＋ | 呈微碱性反应 | ± | |

**2. 多杀性巴氏杆菌的生化特性** ①多杀性巴氏杆菌能分解葡萄糖、果糖、木糖、蔗糖、甘露糖和单奶糖,产酸不产气。大多数菌株可以发酵甘露醇,一般对乳糖、鼠李糖、麦芽糖、杨苷、肌醇、侧金盏花醇、菊糖、山梨醇、棉籽糖、糊精和淀粉等不发酵。来自禽类的 Fo 型菌种多能分解伯胶糖而不能分解木胶糖,来自畜类的 Fg 型菌多能分解木胶糖而不能分解伯胶糖。②甲基红试验/维培试验、尿素酶、枸橼酸盐利用、明胶液化、石蕊牛乳均为阴性。③产生硫化氢。④硝酸还原及吲哚试验均为阳性。⑤触酶试验和氧化酶试验均为阳性。⑥稍能还原硝酸盐为亚硝酸盐,还能还原美蓝(表 2-3,表 2-4)。

表 2-3 多杀性巴氏杆菌的生化特性

| 项目 | 甲基红试验 | 维培试验 | 吲哚试验 | 尿酶试验 | 葡萄糖 | 乳糖 | 枸橼酸盐利用试验 |
| --- | --- | --- | --- | --- | --- | --- | --- |
| 生化反应 | － | － | ＋ | － | ＋ | － | － |
| 项目 | 触酶试验 | 氧化酶试验 | 硫化氢试验 | 甘露醇 | 石蕊牛乳试验 | 运动性 | |
| 生化反应 | ＋ | ＋ | ＋ | ＋ | 中性 | － | |

注:＋ 为糖发酵试验中表示产酸不产气,其他试验中表示阳性;－为阴性

表 2-4　多杀性巴氏杆菌与其他巴氏杆菌生化特性的鉴别

| 生化特性 | 细菌名 | | | | |
| --- | --- | --- | --- | --- | --- |
| | 多杀性巴氏杆菌 | 禽巴氏杆菌 | 鸭瘟巴氏杆菌 | 耶新氏属巴氏杆菌 | 溶血性巴氏杆菌 |
| 葡萄糖 | + | + | − | + | + |
| 菊　糖 | − | − | − | − | − |
| 乳　糖 | − | − | − | − | + |
| 麦芽糖 | − | + | − | + | − |
| 甘露糖 | + | + | − | + | + |
| 蜜二糖 | | | − | + | |
| 茧蜜糖 | − | + | − | + | + |
| 棉籽糖 | − | + | − | − | 易变 |
| 鼠李糖 | − | − | − | + | − |
| 阿拉伯糖 | − | − | − | + | − |
| 半乳糖 | + | + | − | + | + |
| 蔗　糖 | + | + | − | + | + |
| 果　糖 | + | + | − | + | + |
| 木　糖 | + | − | − | + | + |
| 糊　精 | − | + | − | + | − |
| 卫矛醇 | − | − | − | − | − |
| 肌　醇 | − | 易变 | − | − | + |
| 甘露醇 | + | + | − | + | + |
| 山梨糖醇 | + | 易变 | − | − | + |
| 水杨素 | − | − | − | + | − |
| 甘　油 | + | + | − | − | + |
| 明　胶 | − | − | + | + | − |

续表 2-4

| 生化特性 | 细菌名 | | | | |
|---|---|---|---|---|---|
| | 多杀性巴氏杆菌 | 禽巴氏杆菌 | 鸭瘟巴氏杆菌 | 耶新氏属巴氏杆菌 | 溶血性巴氏杆菌 |
| 溶　血 | － | － | ＋ | － | － |
| 硫化氢 | ＋ | ＋ | － | 易变 | ＋ |
| 吲　哚 | ＋ | － | － | － | － |
| 石蕊牛乳 | － | － | 凝固(碱) | 凝固(碱) | 凝固(酸) |
| 麦康凯培养基生长 | － | － | － | ＋ | ＋ |
| 运　动 | － | － | － | ＋(25℃) | － |
| 甲基红(MR) | － | － | － | ＋ | － |
| 硝酸盐还原 | ＋ | ＋ | － | ＋ | ＋ |
| 尿素酶 | － | － | 易变 | ＋ | － |

## 六、病原菌的致病性与毒力

### (一)致病性

致病性又称病原性，是指一定种类的病原微生物，在一定条件下引起宿主发生疾病的能力，是病原微生物的共性和本质，是一种质的表述，为细菌种的特性。

多杀性巴氏杆菌是多种动物的重要病原菌，对鸡、鸭、鹅、火鸡、野禽，猪、牛、羊、马、兔和人等都可以致病。急性型呈出血性败血症迅速死亡，亚急性型呈出血性炎症，一般见于黏膜和关节等部位，慢性型呈萎缩性鼻炎(猪、羊)、关节炎及局部化脓性炎症等，实验动物中对小鼠的致病性最强。多杀性巴氏杆菌D血清型的某些菌株能产生一种耐热的外毒素，可以导致典型的猪传染性萎缩性鼻炎。有些研究表明，多杀性巴氏杆菌 50kDa 的外膜蛋白具有抗白色念珠菌的吞噬作用，因此认为多杀性巴氏杆菌 50kDa 的外膜蛋白（OMP）可能与多杀性巴氏杆菌的致病性相关。

支气管败血波氏杆菌也是一个无处不在的病原菌，对牛、猪、马、山羊和绵羊、猫、兔、犬甚至人等多种动物都有致病性，引起慢性呼吸道病，并可以相互传染。

**（二）毒力（toxin）**

毒力是指病原微生物致病力的强弱程度，是量的概念，可以通过测定加以量化。构成细菌毒力的物质称为毒力因子，主要有侵袭力和毒素 2 个方面。病原菌首先突破宿主皮肤、黏膜等进入机体定居、繁殖和扩散，并在生长繁殖过程中产生和释放具有损害宿主组织、器官的物质，从而引起宿主一系列的生理功能紊乱。

**1. 侵袭力** 是指病原微生物突破宿主皮肤、黏膜生理屏障等免疫防御机制，进入机体定居、繁殖和扩散的能力。侵袭力包括荚膜、黏附素和侵袭性物质等，主要涉及菌体的表面结构和释放的侵袭蛋白或酶类。病原微生物的侵袭过程包括：黏附与定植、侵入、繁殖与扩散、干扰或逃避宿主的防御机制 4 个环节。

（1）黏附与定植 黏附是指病原微生物附着在宿主的敏感细胞表面，以利于其定植、繁殖，是病原微生物与宿主发生关系的普遍性生物学现象。细菌的黏附能力与其致病性密切相关，是感染的第一步，只有在黏附的基础上才能获得定居生存的机会，进而侵入、繁殖和扩散。定植是指病原微生物侵入机体后通过某些表面的特殊结构成分或所合成的某些物质牢固地附着于局部体表组织器官上，抵抗宿主体液的机械冲洗、正常微生物群系的干扰以及局部分泌物的抵抗清除作用，从而在黏附部位上生长繁殖而致病。黏附、定植的细菌更易于抵抗免疫细胞、免疫分子及药物的攻击，包括吞噬、抗体、补体及抗生素的杀灭作用，并可以克服肠蠕动、黏液分泌、呼吸道纤毛运动的清除作用。

①侵入途径　病原微生物引起致病首先必须经某特定部位侵入机体，侵入机体的途径一般是比较严格固定的，一般来说病原微生物侵入机体的途径有呼吸道、消化道、泌尿生殖道、皮肤和结膜。猪传染性萎缩性鼻炎的病原菌支气管败血波氏杆菌和多杀性巴氏杆菌的产毒菌株主要是通过飞沫或者直接接触经呼吸道侵入机体感染。

②黏附成分　具有黏附作用的细菌结构成分为黏附素，通常是细菌表面的一些大分子结构成分，主要是革兰氏阴性菌的菌毛，其次是非菌毛黏附素，如某些革兰氏阴性菌的外膜蛋白(OMP)、革兰氏阳性菌的脂磷壁酸(LTA)以及细菌的荚膜多糖等。支气管败血波氏杆菌的黏附素包括丝状血凝素、百日咳杆菌黏附素(pertactin，PRN)等，某些国外专家认为构成多杀性巴氏杆菌荚膜的透明质酸与本菌对细胞的附着能力密切相关。

③黏附部位　可以是皮肤、黏膜的上皮细胞，或者血液中的淋巴细胞、粒细胞、血小板、血管内皮细胞等，大多数细菌的黏附素具有宿主特异性及组织嗜性。细胞或组织表面与黏附素相互作用的成分称为受体，多为细胞表面的糖蛋白，其中的糖残基往往是黏附素的直接接合部位，部分黏附素受体为蛋白质。支气管败血波氏杆菌的黏附部位是鼻黏膜的上皮细胞。

(2)侵入(内化作用)　是指某些毒力强或者具有侵袭能力的病原菌主动侵入吞噬细胞或非吞噬细胞的过程。细菌的侵入是通过其侵袭基因编码的侵袭蛋白来实现的，被侵入的细胞主要是黏膜上皮细胞。有的细菌侵入后还可以扩散至邻近的上皮细胞，有的还可以突破黏膜进入血管，甚至穿过血管壁进一步侵入深层组织。宿主细胞给侵入的细菌提供了一个增殖的小环境和庇护所，可以使它们逃避宿主免疫机制的杀灭。细菌一旦丧失进入细胞的能力，则毒力会显著下降。支气管败血波氏杆菌和多杀性巴氏杆菌借助荚膜侵入宿主而增殖。

(3)繁殖与扩散

①繁殖　细菌在宿主体内增殖是感染的核心问题，增殖速度对致病性极其重要，如果增殖比较快，细菌在感染之初就能克服机体防御机制，易在体内生存。反之，如果增殖比较慢，则容易被机体清除。D型皮肤致死性与非致死性多杀性巴氏杆菌和A型多杀性巴氏杆菌分离株的纯培养物很难在正常猪群、限菌或者SPF猪的鼻腔内繁殖。

②扩散　有的病原微生物需要通过上皮细胞或细胞间质而进入表层下组织继续扩散。细菌之所以能在体内扩散，是因为它们能分泌一些侵袭性酶类(属胞外酶)，这些酶具有多种致病作用，如激活外毒素、灭活补体等，有的蛋白酶本身就是外毒素。但最主要的是这些酶能作用于组织基质或者细胞膜，造成损伤，增加其通透性，有利于细菌在组织中扩散及协助细菌抗吞噬。细菌的侵袭性酶类主要有透明质酸酶、胶原酶、神经氨酸酶、磷脂酶(又名α毒素)、卵磷脂酶、激酶、凝固酶、脱氧核糖核酸(DNA)酶。

(4)干扰或逃避宿主的防御机制　病原菌黏附于细胞或组织表面后，必须克服机体局部的防御机制，特别是要干扰或逃避局部的吞噬作用及体液免疫作用，才能建立感染。细菌之所以能够干扰或逃避宿主的防御机制是因为其具有抵抗吞噬及抗体液中杀菌物质作用的表面结构-荚膜、微荚膜等。

①抗吞噬作用机制　包括抑制吞噬细胞的摄取、在吞噬细胞内生存、杀死或损伤吞噬细胞。

②抗体液免疫机制　包括抗原伪装或抗原变异、分泌蛋白酶降解免疫球蛋白、通过外膜蛋白(OMP)、脂磷壁酸(LTA)或荚膜的作用,逃避补体,抑制抗体产生。

**2. 毒素**　毒素是细菌在生长繁殖过程中产生和释放的具有损害宿主组织、器官并引起生理功能紊乱的毒性成分。

(1)毒素的分类　细菌毒素按其来源、性质和作用的不同,可分为内毒素(endotoxin)和外毒素(exotoxin)2 大类。外毒素是许多革兰氏阳性菌和部分革兰氏阴性菌产生的,成分为蛋白质,毒性很强,具有高度的特异性,有良好的抗原性,一般不耐热,可经甲醛处理脱毒而制成类毒素,用于主动免疫。内毒素是指与革兰氏阳性菌细胞壁有关的磷脂-多糖-蛋白质复合物而言,可以引起全身反应,如发热、白细胞增多、血管弛缩、血管内凝血,甚至休克等。内毒素有一定的抗原性,但产生的抗体不能中和内毒素产生的毒性作用。很多研究表明有荚膜的强毒菌株和无荚膜的弱毒菌株都可以产生内毒素,毒力与内毒素的产生并没有直接关系;而荚膜的有无与毒力有直接关系。

1982 年,Schss 指出是否有大量细菌在鼻腔中定居,以及能否产生细胞毒素是重要的毒力决定因素。细胞毒素的功能由 Magyar 等(1988)进行了清楚地阐明,他还探明了其他几个可能的毒力决定簇,包括溶血素、腺甘酶及黏附素。他们通过对细胞毒性 1 期菌株与同样来源于猪的无细胞毒性 1 期菌株的致病作用进行比较,发现细胞毒素(可能类似于鼠致死因子或者皮肤坏死毒素)是产生鼻骨发育不良的决定因素。支气管败血波氏杆菌Ⅰ相菌经超声波处理后得到的无菌抽提物中含一种不耐热皮肤坏死毒素(dermonecrotic toxin,DNT)(类内毒素),认为是传染性萎缩性鼻炎早期发生的致病因子之一,用此毒素接种猪只可以复制典型的传染性萎缩性鼻炎病例。支气管败血波氏杆菌毒素还包括气管细胞毒素(tracheal cytotoxin)、腺苷环化酶溶血素(adenylate cyclase-hemolisin,AC-Hly)等。产毒性多杀性巴氏杆菌无论强毒株还是弱毒株都产生内毒素,还可以产生一种多杀性巴氏杆菌毒素(pasteurella multocida toxin,PMT),同样属于一种皮肤坏死毒素,由染色体上的毒素基因(toxA)编码。多杀性巴氏杆菌毒素对非洲绿猴肾细胞(Vero 细胞)有毒性,用此毒素接种猪只也可以复制典型的传染性萎缩性鼻炎病例。

(2)引起机体损伤　细菌引起机体损伤的形式主要有2种:一是毒素或者有毒性产物的直接作用。二是细菌及其产物引起的免疫病理反应(变态反应)。

支气管败血波氏杆菌在黏膜层表面增殖,产生并释放毒素,导致黏膜上皮细胞的炎症、增生和退行性变化,包括纤毛脱落及侵入鼻甲骨的骨核部而导致骨质破坏。一般认为,支气管败血波氏杆菌Ⅰ相菌的无细胞超声裂解物中所含有的不耐热皮肤坏死毒素(DNT),是引起传染性萎缩性鼻炎的主要因素,这种毒素因子的特性已经受到广泛重视,其细菌滤液被应用于人工复制该病,当它们接种于仔猪的鼻腔中后,可以产生和自然感染时的萎缩性鼻炎相似的鼻部损伤。1990年,Lax 等发现多杀性巴氏杆菌毒素除了对鼻部造成损伤,对肝脏、肾脏和输尿管等也有损伤作用,并伴随有上皮细胞的增生。

**3. 影响毒力的因素**

(1)型或株不同　不同的支气管败血波氏杆菌菌株的产毒性不同，支气管败血波氏杆菌Ⅰ相菌病原性比较强，有荚膜，具有表面K抗原和强坏死毒素，中间相菌和Ⅲ相菌的毒力比较弱(Collings 和 Rutter，1985)。随着血清相由Ⅰ相变异为Ⅲ相菌，细菌产生荚膜、菌毛和坏死毒素的能力也明显减弱以至消失(Collings 和 Rutter，1985)，小鼠致死试验及家兔皮肤坏死试验均证明：原型Ⅰ相菌株及变异Ⅰ相菌株的毒性强，为强毒菌株，其他3种变异菌株(中间相菌、粗糙型菌和Ⅲ相菌)为弱毒菌株。D型产毒性多杀性巴氏杆菌毒力比较强，A型毒力比较弱。来自不同型毒株的毒素具有抗原交叉性，因而它们的抗毒素之间有交叉保护性。

(2)协同作用　支气管败血波氏杆菌在单独感染时能引起温和型萎缩性鼻炎，与多杀性巴氏杆菌混合感染时能加强后者的毒性作用，以支气管败血波氏杆菌及多杀性巴氏杆菌D型或A型菌株联合感染SPF和无菌猪，能引起鼻甲骨严重损害和鼻吻变短。

(3)毒力不同　在不同的国家和地区病原菌菌株的毒力可能不同。

(4)致病程度与首次感染年龄及猪只的抵抗力有关　因为随着年龄的增长对本病的抵抗力也增强，产毒性多杀性巴氏杆菌可对3月龄的猪造成严重的传染性萎缩性鼻炎，并阻碍其生长，支气管波氏杆菌只引起6周龄以下的猪鼻骨发育不良。实验表明，临床上从传染性萎缩性鼻炎病猪中分离的病原菌和无传染性萎缩性鼻炎猪群中分离的病原菌产生相似剂量的毒素，只有部分菌株不同(De Jong 和 Akkermans，1986)，这说明病原菌的致病程度不应仅仅由细菌决定，还与猪群的抵抗力和饲养管理条件等诸多因素有关。

(5)在自然条件下,回归易感动物是增强微生物毒力的最佳方法　这是由于易感个体适于菌株的增殖,能够在体内产生大量的病原体和物质。易感动物既可以是本动物,也可以是实验动物,特别是回归易感实验动物增强病原微生物的毒力,已经被广泛应用。

## 第三节　病原菌对各种理化因子的抵抗力

### 一、病原菌对物理因子的抵抗力

支气管败血波氏杆菌可以在 56℃ 30 分钟灭活,快速升高温度和降低温度可加快本菌灭活。在旋转着的气雾箱中,温度在 21℃,空气相对湿度为 76%时,平均半数存活时间为 118.8 分钟;在温度为 23℃,空气相对湿度为 75%时,半数存活时间为 56.7 分钟。

多杀性巴氏杆菌对外界环境抵抗力不强,在阳光中暴晒 10 分钟可以被杀死,在 56℃ 15 分钟或者 60℃ 20 分钟可以被杀死,75℃ 5～10 分钟可以被杀死。60℃ 10 分钟内灭活,在旋转着的气雾箱内,在 23℃温度及空气相对湿度 75%的情况下,其平均半数存活时间为 20.85 分钟。

### 二、病原菌对化学因子的抵抗力

两种病原菌对外界环境的抵抗力不强,常规消毒药即可杀灭达到消毒目的,包括氨水、酚类、次氯酸钠、碘酊、戊二醛、洗必泰。多杀性巴氏杆菌易自溶,在无菌蒸馏水和生理盐水中迅速死亡,在 3%石炭酸中可以存活 1 分钟,在 1∶5 000 升汞、0.5%～1%的氢氧化钠、漂白粉以及 2%的来苏儿、10%石灰乳、0.2%以上浓度的甲醛等溶液中，几分钟即可以使本菌失去活力，0.5%的苯酚在 37℃下 18 小时内可以灭活。

## 三、病原菌在不同环境介质中的抵抗力

支气管败血波氏杆菌在玻片干滴中可以存活 5 天，在布料上存活 3 天，在纸上存活几个小时，在湖水及 PBS 中存活至少 3 周，在土壤中可以存活达 6 周，在 21℃液体培养基中存活 8 周以上。感染新生仔猪后，在仔猪鼻腔里增殖，存留的时间长达 1 年之久。

多杀性巴氏杆菌在血液内可以保持毒力 6～10 天，在冷水中、土壤中能保持生活力达 2 周，在厩肥内本菌的感染可以保持 1 个月，在正腐烂的尸体或者冰冻的尸体内本菌可以存活 3 个月。室温下，琼脂中的多杀性巴氏杆菌可以存活数月甚至数年，但在室温或者 4℃～8℃的冰箱中可以保存 2～3 周，血液和组织中的细菌可在－20℃以下保存许多年。在干燥的空气中 2～3 天死亡，在厩肥中可以存活 1 个月，在真空中可以存活 5 年。

## 四、病原菌对各种抗生素的敏感性

对青霉素、链霉素、四环素、土霉素、磺胺类及许多新的抗菌药物都敏感，有条件的在用药前做药敏试验(附录 5)。

# 第三章　猪传染性萎缩性鼻炎的流行病学

## 第一节　贮存宿主及传染源

### 一、贮存宿主

多杀性巴氏杆菌正常存在于多种健康动物的口腔和咽部黏膜，属于条件性致病菌，在自然界分布非常广泛，可以从很多动物中分离出来，如牛、兔、禽、火鸡等，在患肺炎的猪肺中可以分离到无毒性和产毒性 A 型菌株，但一般多从鼻腔中发现，也有报道认为本菌在猪群中的分布不是十分广泛，认为只有 9%的感染率，这可能与鼻腔正常菌群的存在和本菌不易在鼻腔黏附定植有关。

支气管败血波氏杆菌是一个无处不在的病原，是一种上呼吸道的常在性寄生菌，据报道，本菌可以从多种动物，如牛、山羊和绵羊、猫、兔、犬甚至人的呼吸道中分离到菌株，从而引起慢性呼吸道疾病，并可以相互传染。鼠类也可以感染，它有可能是本病原菌的自然贮存宿主。

### 二、传染源

传染源是指体内有病原体寄存、生长、繁殖，并能将病原体排出体外的动物（包括昆虫）或者人，以及一切可能被病原体污染使之传播的物体。

病猪和带菌猪，不论其是否表现出明显的临床症状都是本病的主要传染来源。产毒性多杀性巴氏杆菌和支气管败血波氏杆菌除了可以从鼻腔、气管及肺脏中分离出来外，还可以从母猪阴道中分离出产毒性多杀性巴氏杆菌，可以从限定菌猪只的肠内容物中大量分离出支气管败血波氏杆菌，而后经呼吸道感染健康猪群。

业已证明，其他非猪源性的带菌动物也可能作为传染源使猪只感染发病：从火鸡巴氏杆菌病分离出的产毒性菌株可以在生猪中产生严重的鼻甲骨萎缩；从患扁桃体炎、鼻炎和败血症分离到的产毒性菌株对生猪有致病性，但从山羊肺炎病灶中分离到的产毒性菌株在生猪的鼻腔中却不能定居，并且与支气管败血波氏杆菌联合感染不能产生明显病变；多数从其他动物中分离到的支气管败血波氏杆菌菌株对猪无大毒性，但鼠类可能感染并传播猪的分离菌株。

## 第二节 易感动物

引起猪传染性萎缩性鼻炎的病原菌支气管败血波氏杆菌和多杀性巴氏杆菌在动物界分布比较广，能引起多种动物的呼吸道感染症。除了感染猪外，各种家禽，如鸡、鸭、鹅、火鸡等都有易感性，但鹅易感性较差，各种野禽也易感；还可以感染其他动物如牛、猴、山羊、绵羊、鹿、鼠、猫、犬、兔、貉、水貂和狐狸，也能引起慢性鼻炎和化脓性支气管肺炎；马属动物也可以感染，主要发生于幼驹，驴比较罕见；有时本菌也可以感染人，与猪群或感染动物接触的农民及其家庭、司机、商人、兽医、屠夫和屠宰场的工作人员具有相当大的危险性，可以造成与猪的病变相似的疾病，带防护面罩可减少感染和散播感染的危险。因此，传染性萎缩性鼻炎是一种人、兽共患的传染病，应引起政府、人医和兽医卫生部门的重视。总的来说，传染性萎缩性鼻炎的病原菌在猪、兔和犬的分布最为普遍。

## 第三节　传播途径

### 一、传播因子

含有猪传染性萎缩性鼻炎病原菌的各种污染物都可以成为传播因子。一是患病（或带菌）动物的口、鼻分泌物。二是被患病（或带菌）动物污染的水、土壤、尘埃等。三是患病（或带菌）动物的乳、肉、内脏。四是被患病（或带菌）动物污染的皮、毛等，都可以成为危险的传播因子。这些传播因子通过空气飞沫或者直接接触经呼吸道感染健康动物。

### 二、传播媒介

人是传播本病的主要媒介之一。饲养场的工作人员、看管患病动物的饲养员、到饲养场参观的人员、人工授精人员、畜牧和兽医技术人员等。他们与患病动物接触后，在其衣服、鞋、帽、手和呼吸道等处带有来自患病动物的病原菌，这些携带者可以将病原菌带到任何距离的健康动物群中，使其感染发病。

一些与患病动物接触密切或者被患病动物排出的病原菌污染的天然不敏感动物（如老鼠），都可能是中间的病原菌携带者，可以机械地传播此病，苍蝇、壁虱和其他一些昆虫都是机械的病原菌携带者，但是传播的距离比较近。

带菌动物的运输、屠宰、贩卖也是主要的传播途径之一。

带菌动物的口、鼻分泌物是本病的传染源，屠宰场内的带菌动物及使用过的污水，带菌动物及其产品（如鲜奶及乳制品、肉类、内脏、下水、毛、皮等）的运输等都会成为主要的传播途径。带菌动物在贩卖过程中不仅会污染周围环境传播病原菌，而且在进入新的动物群以后，就会感染健康的易感动物。

此外，各种被病原菌污染的环境及物品也是传播病菌的重要途径。被患病动物污染的饲养工具（料槽、水槽等）、运输工具（车辆、船只、机舱等）、饲料、饲草、饮水等都可以传播病菌引起发病。被病原菌污染的圈舍、运动场地、水源地和草场等也是天然的疫源地（病原体能在天然条件下野生动物的体内繁殖，在它们之间传播，并在一定条件下可以传染给人或者家畜家禽的疫病被称为天然疫源性疾病，存在天然疫源性疾病的地区被称为天然疫源地）。

## 三、感染门户

猪传染性萎缩性鼻炎主要是经呼吸道感染，病原菌主要通过患病动物与健康动物之间的空气进行传播，也就是我们常说的打喷嚏、咳嗽等带出来的飞沫，这些含有病原菌的飞沫飘浮在空气中，健康动物吸入后即可以造成飞沫传染。刚带出来的飞沫可以在空气中停留一会儿，然后大一点的会作为尘埃慢慢落下，有些小的，如 5 微米（$5\times10^{-6}$ 米）大小的小“微滴核”，会在空气中停留一段时间，此时就会被健康动物吸入，然后通过正常的呼吸进入到呼吸道甚至到达肺泡而感染。另外，也可以通过猪与猪之间直接接触或者接触了被病原菌污染的传播媒介而发生感染。经消化道等其他途径感染本病的概率很小。

## 第四节 流行特点

### 一、分 布

#### (一)年 龄

任何年龄的猪只都可以发生感染,但存在明显的年龄相关性,年龄越小感染率越高,临床症状和病变越严重,随着年龄的增长对本病抵抗力也增强,病原菌的检出率也随之降低。

**1. 生后几天至1周的哺乳仔猪** 感染后,容易产生严重的鼻甲骨损害的萎缩病变,还可以引起全身钙代谢障碍,致使仔猪发育迟缓,饲料转化率降低,有时伴发急、慢性支气管炎造成仔猪死亡。支气管败血波氏杆菌Ⅰ相菌株毒力很强,可以在1周龄以内的仔猪呼吸道内引起明显的甚至是严重的鼻甲骨萎缩,其变异菌株Ⅲ相菌在鼻腔内容易反祖为Ⅰ相菌株,并引起持续感染和病变,这些都说明1周龄内仔猪的易感性最强,也是弱毒力菌株恢复和增强致病力的最可能途径,具有流行病学意义。

**2. 哺乳后发生感染的病猪** 出现鼻甲骨发育不良和轻度的萎缩病变。支气管败血波氏杆菌毒性菌株能导致3周龄禁食初乳的SPF仔猪100%发生鼻甲骨萎缩,但对6周龄的仔猪连续4天鼻内接种后仍然不能引起典型病变。这个结果证明3周龄正是对支气管败血波氏杆菌的敏感性下降的时候,3～6周龄的猪只对本菌严重感染的敏感性大幅度下降,感染症状也比较轻微,可能只发生卡他性鼻炎、咽炎和轻度的鼻甲骨萎缩。

**3. 3月龄以上的猪只** 感染后多呈隐性,通常看不到临床症状和鼻甲骨病变而成为带菌者，它们是污染种猪场中萎缩性鼻炎主要的传染源。

**4.2～5月龄甚至更大猪只** 产毒性多杀性巴氏杆菌可以引起此年龄段猪只典型的临床症状和病变，危害比支气管败血波氏杆菌严重。成年猪只常呈隐性感染，成为永久的传染源。

**(二)地 区**

支气管败血波氏杆菌和产毒性多杀性巴氏杆菌在临床性萎缩性鼻炎的发展过程中都很重要，但在不同国家和地区，它们的相对重要性不同。在欧洲，支气管败血波氏杆菌被认为是临床性萎缩性鼻炎发展过程中的一种必要的协同因素，产毒性多杀性巴氏杆菌则被看做是猪群出现萎缩性鼻炎的决定因素；但在美国，人们则更多的强调支气管败血波氏杆菌，它被看作是最终能导致萎缩性鼻炎的原发性因子。

**(三)季 节**

季节性是指疫病在每年一定的季节内发病率明显升高的现象。猪传染性萎缩性鼻炎一年四季都可以发生，但主要发生在春、秋冷热交替的季节。

**(四)流 行 性**

本病传播比较缓慢，多呈单个散发(散发是指病例以散在形式发生，而且各种病例之间在时间上和地点上并没有明显的联系)或者地方流行性(地方流行性是指某种疾病发病数量比较大，但其传播范围限于一定地区)。本病引入 1 个猪群后，首先在仔猪中出现早期临诊症状，但要达到一定的发病率，发展成为全群感染，往往需要很长时间，需要 1～3 年。

**(五)遗传因素**

过去曾认为遗传因子对本病有影响，但却难以确定其影响的程度，人们曾经试图通过遗传选择来控制本病，但均告失败。在实际生产中人们发现传染性萎缩性鼻炎的易感性与猪的品系有关，如长白猪对本病特别易感，英国的大白猪比长白猪更容易感染本病，而国内的土种猪却较少发病，这可能与遗传素质有关，因此从遗传学上处理猪传染性萎缩性鼻炎不失为一种措施。

## 二、影响流行的因素

### (一)自然因素

猪传染性萎缩性鼻炎的发生和流行与气候关系密切，旱涝灾害，暴风大雪，寒流侵袭，冷热交替，闷热，潮湿，多雨，既作用于传染源又影响猪群的易感性。气候恶劣常常导致猪只抵抗力下降，从而对传染性萎缩性鼻炎的易感性增加。

### (二)饲养管理因素

第一，严重的生长迟缓型传染性萎缩性鼻炎与生产的集约化养殖方式密切相关。养殖户不严格实行“全进全出”的饲养方针，不同种类、批次、年龄的猪只同圈饲养，又不能定期进行检疫，就会造成本病在猪群内长期流行。

第二，对猪只做分群、合群、组合新群的变动，如果有传染源存在而检疫措施又没有真正落实到位，就容易造成新的猪群发生传染性萎缩性鼻炎的流行。

第三，发生最严重疾病的大都是因为猪舍不间断使用，而且卫生条件又差、阴暗潮湿、污秽不洁、过冷、过热和光线不足，尤其是猪舍内饲养密度大，过于拥挤及通风不良、几批猪连续饲养的猪群，如果不加强管理其传播速度将非常迅速。

第四，不能做到定期消毒，给病原菌的大量繁殖提供了有利条件，增加了易感动物与病原菌的接触机会，从而助长了传染病的发生和发展。

第五，日粮不平衡，如饲料配比不当、饲料中缺乏维生素和矿物质等导致猪群营养不良、机体抵抗力下降，增加机体对本病的易感性。

**表 3-1 影响传染性萎缩性鼻炎严重程度的管理因素**

| 升　高 | 降　低 |
| --- | --- |
| 大猪群，开放性猪群 | 小猪群，封闭性猪群 |
| 可扩充猪群 | 规模固定的猪群 |
| 高比例的小母猪 | 主要为老母猪 |
| 大的经产母猪群 | 小的或单独的经产母猪群（全进全出制） |
| 多窝乳猪混养 | 单窝乳猪 |
| 大的断奶仔猪聚集群 | 充分分隔，调整系统（全进全出） |
| 频繁的转群和混群 | 很少转群和混群 |
| 室内集约化饲养 | 户外饲养 |
| 高的猪群密度 | 低的猪群密度 |
| 差的通风和温控设备 | 好的通风和温控设备 |
| 差的卫生条件，很少消毒 | 好的卫生条件和消毒 |
| 畜舍内不间断养猪 | 畜舍有一定的闲置期 |
| 干饲料喂养，有灰尘的空气环境 | 湿饲料喂养，洁净的空气环境 |
| 机械化投食 | 人工投食 |

### （三）社会因素

社会因素在猪传染性萎缩性鼻炎的流行中起着重要的作用，重视社会因素的作用才能有效地控制和消灭本病，以下几种因素与猪传染性萎缩性鼻炎的发生和流行有关。

第一，早年没有实行国境动物卫生检疫，输进了病猪（传染源),是各国猪传染性萎缩性鼻炎的重要起因,使部分养殖业地区成了传染性萎缩性鼻炎疫源地(有传染源存在或被传染源排出的病原体污染的地区被称为疫源地)。

第二,不经检疫或者检疫不彻底,从疫源地盲目购买或调运猪只时混有病猪或者带菌猪,使运输沿途和到达地发生本病。对检出的病猪和带菌猪不能及时处理,未能从根本上消灭传染源等是造成猪传染性萎缩性鼻炎不断发生和流行的主要原因。

第三,受传染性萎缩性鼻炎威胁的猪群不做预防接种,使其免疫力下降,容易发生流行。

第四,国家各级政府对猪传染性萎缩性鼻炎防治工作的重视程度不够,猪传染性萎缩性鼻炎控制规划还不够完善,卫生、畜牧、商业、贸易、交通、轻工等部门能否协同配合,专业防治力量的强弱,养殖业者对本病的认识程度及本病的普及水平等,都与猪传染性萎缩性鼻炎的发生和流行有非常密切的关系。

**(四)其他因素**

第一,病原菌的致病性、毒力和数量的强弱,都是影响流行的因素。

第二,其他一些疾病,如绿脓杆菌、放线菌、猪巨细胞病毒病、古典型猪瘟、伪狂犬、疱疹病毒、猪流感和寄生虫病等,也可能使猪传染性萎缩性鼻炎的易感性增加。

第三,包括氨和粉尘在内的刺激物可以破坏鼻黏膜,引起较温和的鼻甲损伤,从而给病原菌在鼻腔内定植提供有利条件,使猪感染传染性萎缩性鼻炎的概率加大。

第四,各种应激因素,如长途运输或频繁迁移、过度疲劳、饲料突变及长期饲喂粉料等都常常诱发传染性萎缩性鼻炎的发生。

## 第五节　流行病学调查方法

传染性萎缩性鼻炎的流行病学调查一般分为5种方式：个别病例的流行病学调查、暴发点的调查、地区流行病学调查、感染和现患调查和流行病学侦察。

### 一、个别病例的流行病学调查

**(一)调查方法**

主要调查方法有：①询问病猪的现病史和既往史，要特别注意询问与其他动物及其动物产品、人的接触史，如是否有新购入的动物、是否经过严格检疫等。②填写《猪传染性萎缩性鼻炎流行病学调查表》。③询问病猪是否有打喷嚏、流鼻液等情况发生，检查有无泪斑、鼻盘变形和肺炎等临床症状。④必要时做病原菌的分离培养，以确定诊断。⑤除了对病猪本身做详细的调查外，还要对同群猪只、周围饲养的猪只及其他易感动物进行调查。

**(二)分析内容**

主要内容有：①确定病猪是否发生了传染性萎缩性鼻炎，核实发病日期并做疫情报告。②对病猪根据实际情况采取隔离治疗或淘汰等措施。③追查传染源。④判断传播途径和传播因子。⑤分析传染可能发生的范围、蔓延条件。⑥找出发病原因，提出确实可行的防制办法。

### 二、暴发点的调查

暴发是指在一定地区或者某一饲养单位，易感动物短时间内突然发生某种疫病很多病例。猪传染性萎缩性鼻炎的传播速度比较慢,多呈散发或者地方性流行,暴发的病例比较少。一旦暴发应对疫点和疫区实施封锁,禁止病猪和疑似病猪、易感动物及其产品调出;易感动物实行圈养或指定地点饲养,役用动物限制在疫区内使役。这种调查要求尽快查明疫情情况,同时分析暴发原因,采取积极有效的防制措施,扑灭疫情。

调查方法和步骤:①首先向暴发点所在地动物卫生部门和畜主了解暴发开始的时间和经过。②询问和检查最先发生的病例。③填写《猪传染性萎缩性鼻炎流行病学调查表》。④对可疑的传播因子做支气管败血波氏菌和多杀性巴氏杆菌分离培养。⑤在进行流行病学调查的同时采取防制措施,如对疫区内的猪只全部进行疫情排查和实验室监测,确诊为阳性和带菌的猪只应立即宰杀或者淘汰,并进行无害化处理,同时对环境进行全面彻底的消毒等。⑥调查历史疫情和周围邻近地区是否有猪传染性萎缩性鼻炎存在。⑦整理调查资料,绘制报表及疫情图上报有关部门。

## 三、地区流行病学调查

地区流行病学调查是对一个地区、县、乡或者养猪场范围内的调查,以了解传染性萎缩性鼻炎在该地区内的流行规律、动态,查清对人和其他易感动物健康的危害和对生产建设的影响,以便制定合理有效的防制规划。

地区性调查包括掌握地区的一般性资料和传染性萎缩性鼻炎的资料。

### (一)掌握地区的一般性资料

主要内容有:①猪只的品种、数量、饲养方式、改良和配种情况。②猪只的疫病防制情况,历年传染性萎缩性鼻炎的检疫情况、免疫情况、猪只的买卖情况，包括购入地点及购买头数、贩卖的去向及数量等。③自然地理、气象资料，包括土壤、地势、草原和耕地面积、气温、湿度和风向等。④了解当地动物卫生部门的防治力量及当地人间和畜间有哪些相关疫病。

**(二)传染性萎缩性鼻炎的资料**

主要内容包括：①历年病原菌的检出情况。②不同品种、不同日龄、不同性别猪只传染性萎缩性鼻炎实验室诊断阳性率的比较。③患病猪只的临床表现。④疫病历史追溯，包括传染性萎缩性鼻炎是从何时、何地、何种动物传入的。⑤形成疫源地的原因。⑥疫情变动的趋势。⑦传染性萎缩性鼻炎造成的经济损失的统计。

## 四、感染和现患调查

感染和现患调查是用来测定某一地区人或者动物对某种疾病的感染和致病情况的调查。调查支气管败血波氏杆菌一般做感染率即血清学阳性率的调查，但血清学调查对检测多杀性巴氏杆菌没有太大意义，有条件的地区可以进一步做病原菌的检出率调查，对血清学和病原菌检验阳性的病猪要做传染性萎缩性鼻炎临床表现的统计。对从来没有做过猪传染性萎缩性鼻炎调查而且从来没有做过传染性萎缩性鼻炎疫苗预防接种的地区，或者为了某项科学试验的需要，可以用普查和抽查的方式借助检验的手段调查感染率，以了解传染性萎缩性鼻炎的感染情况。对已经进行过传染性萎缩性鼻炎疫苗预防接种的地区，由于疫苗预防接种产生的抗体和自然感染的产生抗体无法区别，所以不做感染率调查。

现患调查是指在短时间内调查动物群或者人群中某种疾病患病情况的一种方法。可以了解一定时间内疾病在空间和动物群或者人群中分布的横断面情况，反映疫情的严重程度，是确定防制措施的依据。现患调查有 3 种形式：一是全体普查，即对一个地区所有的动物或人逐个进行检查。二是线索调查，即对一个地区有疑似某种疾病症状的人或动物进行检查（包括旧患和新患），是一种新型的普查，值得提倡。三是抽查，即在一个地区或者养殖场内采取随机抽样的方法进行检查，或者是对受威胁的动物群进行检查，但此法的片面性比较大。

普查和线索调查可以计算出该地区的患病率和发病率，从而可以看出疾病的严重程度和动态趋势；而抽查只能计算出患病率，如果仅仅对受威胁的动物群或人群进行抽查，容易查出患病动物，但是患病率比该地区或养殖场实际的患病率偏高。

### 五、猪传染性萎缩性鼻炎的流行病学侦察

为了判定一个地区或者养猪场是否存在传染性萎缩性鼻炎，常采用流行病学侦察的方法，有意识地选择一部分易感动物做检查，包括血清学试验及细菌分离培养等，以了解当地是否有传染性萎缩性鼻炎，并且推测能否引起流行等。但是这种方法不能掌握传染性萎缩性鼻炎的流行强度和广度，只能判明该地区是否有传染性萎缩性鼻炎存在，适合于疫情不明的地区。

## 第六节　常用的统计学指标

### 一、感 染 率

感染率是指在特定时间内，某种疫病感染动物的总数在

被调查(检查)动物群样本中所占的比例,也可以说是表示在某个时间、地点,动物群感染某种疾病的频率。

感染率=(调查当时)感染动物数/被调(检)查动物总数×K

注:K为100%、1000‰、万/万或10万/10万……

调查动物是否感染了某种疾病,不一定都需要查出病原体。

## 二、带菌率

带菌率是表示被检查的动物含有病原菌的比率。

带菌率=检出的病原菌份数/被检查动物的头数×100%

## 三、检出率

病原菌检出率是表示检查的标本中含有病原菌的比率。

病原菌检出率=检出的病原菌份数/检查标本的份数×100%

## 四、发病率

发病率是指在一定时间内新发生的某种动物疫病病例数与同期该种动物总头数之比。

发病率=新发病例数/同期平均动物总头数×100%

注:"动物总头数"系对该种疫病具有易感性的动物种的头数,特指者例外。"平均"系指特定期内(如1个月或者1周)的饲养的平均数。

## 五、死亡率

死亡率是指某动物群体在一定时间死亡总数与该群同期动物平均总数之比值,也表示一定时期内动物群体因某种疾病而死亡的频率。

死亡率=(一定时间内)动物死亡的总头数/

同期该群体动物的平均饲养总数×100%

### 六、病 死 率

病死率是指在一定时间内因某种疾病病死的动物头数与同期确诊该病病例动物总数之比。

病死率＝病死动物的总头数/同时期确诊的该病例动物总数×100%

### 七、流 行 率

流行率是指调查时，特定地区某种疾病(新、老)感染头数的百分率。

流行率＝某种疾病(新、老)感染头数/被调查动物数×100%

### 八、患 病 率

患病率又称现患率。表示特定时间内，某地区动物群体中存在某种疾病新老病例的频率。

患病率＝(特定时间某病)(新老)患病例数/(同期)暴露(受检)动物头数×100%

## 第七节　猪传染性萎缩性鼻炎的监测

### 一、疾病监测的概念和意义

疾病监测也称疾病监察(surveillance of disease)。其目的是掌握疾病分布动态、分布频率和各方面影响因素，以便及时和不断地对防制对策和措施进行修正，不能把它理解为单纯的疫情预测。

猪传染性萎缩性鼻炎监测是控制本病在动物群间流行的一种流行病学方法。通过对病原体、传染源、传播因子、传播途径、流行特点及环境生态学的研究，系统地、连续地监测传染性萎缩性鼻炎的分布和变动趋势，全面地收集和分析有关资料，整理出监测报告，上报各级政府及卫生部门、动物卫生部门，旨在实施合理的防制措施，降低发病和死亡，以保障人民身体健康和畜牧业的稳定发展。

## 二、监测组织

世界卫生组织对疾病监测工作非常重视，它在世界若干国家和地区支援当地建立疾病监察中心，及时收集一些疫病疫情的动态资料，制定监测计划，培训监测人员，出版情报资料，指导疫病监测工作，协助国家卫生行政最高当局，根据监测资料制定有效的控制措施。

监测组成员应该具有传染性萎缩性鼻炎流行病学、细菌学、血清学、临床诊断、医学统计和科技分析等知识，以便开展工作，必要时应事先进行培训。

## 三、监测内容和方法

### (一)收集资料

应收集的资料包括：社会调查资料、动物资料和传染性萎缩性鼻炎资料。

**1. 社会调查资料** 包括：①自然地理、全县面积、土壤、气候资料。②动物饲养环境条件。③动物卫生部门和医疗卫生部门的防制力量。④当地人间和畜间有过哪些疫病？目前流行情况(传染性萎缩性鼻炎资料另列)。⑤人口总数、性别、年龄、民族、职业及人群移动情况。⑥居民生活水平、卫生状况及饮食习惯。

**2. 动物资料** 包括：①各种动物（包括禽、牛、羊、猪、马、骡、骆驼、犬、猫、貉、狐狸和鹿等）的数量、分布、饲养方法、配种方式等。②各种易感动物调拨、流动、购入地点、贩卖地点和数量。

**3. 传染性萎缩性鼻炎资料** 包括：①疫病历史追溯，可靠的最早发现传染性萎缩性鼻炎的年代、地址、疫情情况。②既往历年人间及畜间传染性萎缩性鼻炎调查方法及结果、感染率等。③病原菌的检出情况（年份、宿主、菌型、菌数及毒力）。④历年人间和畜间传染性萎缩性鼻炎疫苗免疫情况。

**(二)现场调查**

现场调查是深入实际掌握第一手资料的重要方法，一般应该连续 5 年或更久，主要考察传染性萎缩性鼻炎的病猪数（或患者数）、传染性萎缩性鼻炎的化验检查（即感染率）、猪群传染性萎缩性鼻炎免疫学指标和病原菌检查 4 项指标。

**1. 掌握全县传染性萎缩性鼻炎的病猪数或患者数** 按照《猪传染性萎缩性鼻炎诊断技术》，依据流行病学、临床症状和实验室检验结果确定全县传染性萎缩性鼻炎的病猪数或者患者数，特别是新发病数。建立传染性萎缩性鼻炎档案，以后每年进行访视、检查，对新发现的病例填表登记。

**2. 做传染性萎缩性鼻炎化验检查** 用血清学和细菌学方法进行检查。通过实验室检验计算出传染性萎缩性鼻炎的感染率。

在没有进行猪群疫苗免疫的地区，检查时间不受限制；拟进行疫苗免疫的地区，应在免疫前做检查，以免疫苗产生的免疫反应与自然感染产生的免疫反应分辨不清。

在牧区，易感动物数量多不可能对一个县（旗）的所有易感动物做检查时，可以考虑选择有代表性的3个乡的3个村（牧场）的易感动物进行检查。这样持续数年，比较感染率的变化。

**3. 观察猪群传染性萎缩性鼻炎免疫学指标的变化** 在猪群没有做过或者近1年没有做过疫苗预防接种的地区，可以用免疫学方法检查抗体，检查一定数量的猪群或人群（尤其是接触患病动物及其产品的受威胁动物群或职业人群），比较阳性率的变动情况。

**4. 检查病原菌** 监测点（县、旗）应该建立分离培养实验室，检菌试验一定要严格遵守操作规程，这样既可以提高检出率，又可以防止自身感染。检出的病原菌应及时送省、市、自治区级专业机构或者分管部门。收菌部门在进行分型鉴定之后，应该尽快回报鉴定结果，还要对菌株做毒力测定，并尽快通知测毒结果。

当前传染性萎缩性鼻炎的监测主要采用常规的询问调查、实验室诊断、统计分析等方法，随着科学技术的进步，电子计算机将应用于传染性萎缩性鼻炎的监测。电子计算机运算快，存储量大，运算精确度高，可以自动地完成统计计算和各种分析并且作出预测报告。

## 四、监测报告

传染性萎缩性鼻炎监测工作组或部门，应该根据收集的资料及现场调查结果，经过细致的综合分析，每年写出《传染性萎缩性鼻炎监测报告》，并上报和抄送有关部门。《传染性萎缩性鼻炎监测报告》重点是畜间和人间传染性萎缩性鼻炎的分布、疫情变动情况及原因分析，防制措施的评价和疫情预测。

# 第四章　猪传染性萎缩性鼻炎的临床症状与病理变化

## 第一节　猪传染性萎缩性鼻炎的临床症状

### 一、猪传染性萎缩性鼻炎的临床特征

猪感染传染性萎缩性鼻炎的临床症状表现不一，有的表现出典型的临床症状，有的则呈隐性感染。这取决于多种因素，如该病是由支气管败血波氏杆菌或产毒性多杀性巴氏杆菌单独引起的，还是由二者共同引起的，是由病原菌的强毒株引起的还是由弱毒株引起的，在临床表现和严重程度上都不尽相同。另外，还取决于猪的种属、年龄和生理状态等。猪只患传染性萎缩性鼻炎以后，临床上主要呈现打喷嚏、鼻炎、鼻盘变形、泪斑、生长停滞和饲料转化率低等特征。

### 二、猪传染性萎缩性鼻炎的临床症状

猪感染传染性萎缩性鼻炎的潜伏期一般至少 2 周以上。不同年龄的猪都有易感性，发生最早的是生后几天的仔猪，但以 6～8 周龄的保育小猪最为明显，较大的猪只可能只发生卡他性鼻炎和咽炎。

#### （一）非进行性和进行性萎缩性鼻炎的临床症状

**1. 非进行性萎缩性鼻炎的临床症状**　非进行性萎缩性鼻炎由支气管败血波氏杆菌产毒菌株（Ⅰ相菌）引起，多引起

小猪的鼻炎和出生不久小猪的支气管肺炎，而对3月龄以上的青年猪和成年猪影响不大。

(1)*鼻炎* 支气管败血波氏杆菌Ⅰ相菌感染3周龄以内的猪，能产生不同程度的鼻甲骨萎缩病变：1周龄以内的仔猪感染几乎全部产生病变，6周龄至3月龄的猪只感染只发生轻微病变，3月龄以上的猪只非综合性支气管败血波氏杆菌感染为亚临床感染，几乎不表现临床症状而成为带菌者。支气管败血波氏杆菌在仔猪中主要表现为打喷嚏、鼻塞及不同程度的卡他性鼻炎，有时伴有不同程度的黏液性分泌物或者脓性分泌物。这种症状多在3～4周龄或者断奶猪只出现，通常日龄越小症状越严重，食欲可能受到中度或者轻度影响。一段时间后临床症状严重程度会增加，但几周后逐渐减弱。除了上述症状外，猪群中还会出现持续的鼻甲骨进行性萎缩并导致不断打喷嚏。

(2)*支气管肺炎* 支气管败血波氏杆菌是引起仔猪支气管肺炎的一个主要病原菌，支气管肺炎是一种更为严重的感染，多发生在冬季，主要感染3～4日龄的哺乳仔猪。支气管肺炎的主要症状是咳嗽并伴有呼吸困难，一般不发热。支气管肺炎在1周龄以内的仔猪发病率比较高，而且在没有进行治疗猪只的同窝病死率也非常高，甚至导致全窝死亡。

**2. 进行性萎缩性鼻炎的临床症状** 进行性萎缩性鼻炎由产毒性多杀性巴氏杆菌引起，可以引发4～12周龄猪只严重的鼻炎、中度至重度的鼻甲骨萎缩，猪只多伴有生长发育缓慢等症状。

(1)*严重的鼻炎* 进行性萎缩性鼻炎的临床症状一般多在4～12周龄才见到，取决于其暴发的严重性。在仔猪中起初常见打喷嚏和鼻塞，但是由于这些症状在不发生进行性萎缩性鼻炎时也常见，因此它们不是进行性萎缩性鼻炎的主要指标，打喷嚏和鼻塞是仔猪急性卡他性鼻炎的表现，有可能由支气管败血波氏杆菌和猪巨细胞病毒感染引起，其他病原也可能与这种症状有关，如支原体、放线菌、流感病毒、伪狂犬病毒及猪繁殖与呼吸综合征病毒都能造成这种症状。这种症状通常在猪群中持续存在而且伴有不同程度的黏液性分泌物、脓性分泌物或者血性分泌物，随后病情加重，有时打喷嚏时可以造成鼻出血，出血一般是单侧的而且出血程度不一，可以在猪舍墙壁、料槽、水槽或者猪背上看到喷出的血迹，在母猪的妊娠晚期，这种出血可以对母猪及胎儿造成生命危险。有时病猪剧烈打喷嚏后，可以从鼻腔内喷出黏液性、脓性分泌物，甚至鼻甲碎片。

(2)鼻甲骨萎缩　进行性萎缩性鼻炎的特征性症状是鼻软骨的变形而且以鼻甲骨的下卷曲最为常见，病猪表现为上颌比下颌短，有种脸被上推的感觉，而且面部皮肤也皱缩，当骨质变化严重时可出现鼻盘歪斜，严重时扭曲可以达到 40°左右。当病情发展到面部扭曲变形时，其萎缩的鼻骨已经变形。这种情况与本病发生的程度有关，不是所有猪只都发生这样的变化。

(3)其他症状　患进行性萎缩性鼻炎时，常见猪面部有脏的条纹，即“泪斑”。中度至重度症状的猪只多伴有生长发育缓慢、饲料转化率下降，这与毒素的程度有关。

**(二)支气管败血波氏杆菌与多杀性巴氏杆菌产毒菌株共同引起的猪传染性萎缩性鼻炎的临床症状**

在临床上，单独由支气管败血波氏杆菌或多杀性巴氏杆菌产毒菌株引起的猪传染性萎缩性鼻炎不多，常常是二者共同感染。因为两种病原菌都是呼吸道的常在寄生菌，支气管败血波氏杆菌首先黏附于鼻腔黏膜的上皮细胞并释放毒素破坏鼻腔黏膜，进而给产毒性多杀性巴氏杆菌的侵入提供了有利条件，两者协同作用，危害更加严重。

**1. 鼻炎和鼻甲骨萎缩** 病猪体温一般正常，最初呈现鼻炎症状，由于鼻甲骨发炎时鼻腔有痒感，因而猪只会不停地打喷嚏，饲喂和运动时表现尤为剧烈，同时从鼻腔内流出不同量的浆液性或者黏液性分泌物。此时病猪表现不安，有时乱跑，不时摇头、拱地或者搔扒，剧烈地将鼻端向周围的墙壁或者物体上摩擦。吸气时鼻孔开张，发出鼾声，以致呼吸困难，严重的张口呼吸。

以上症状从 7 日龄开始，之后(持续 3 周以上)随日龄增长病情逐渐加重，到 42～56 日龄时最为明显，大多数猪只的鼻甲骨逐渐发生软化和萎缩。被感染的猪只在整个生长期间将继续打喷嚏、流鼻液、呼吸困难，同时有不同量的浆液性或黏液性、脓性分泌物从鼻腔内流出。严重时，打喷嚏可以损伤鼻黏膜的血管，流出血液或分泌物内含有血丝，往往是单侧性的，可以在猪舍墙壁、料槽、水槽或者猪背上看到喷出的血迹。病猪剧烈喷嚏后，可以从鼻腔喷出黏液性、脓性分泌物，甚至鼻甲碎片。病猪鼻黏膜潮红、充血，鼻泪管发炎并造成堵塞，导致分泌的眼泪无法通过鼻泪管到达鼻腔而从眼角流下，沾上灰尘后附着于眼内角下形成弯月形的黄、黑色斑点，称为“泪斑”，甚至在眼睛周围形成黑眼圈。在使用药物治疗后，打喷嚏和泪斑均可能暂时性消失，并会在停药后 1 周左右重新出现。

到 2～3 月龄时，鼻和面部可能发生变形。如果两侧鼻甲骨的病理损害大致相等时，上腭、上颌骨变短，下颌伸长，鼻腔变得短小，外观呈现鼻部短缩，鼻端向上翘起，鼻背部皮肤粗厚，有较深的皱褶，俗称“短鼻子”；如果一侧鼻甲骨的病理损害严重时，则两侧鼻孔大小不一，鼻子歪向病理损害严重的一侧，严重的可以歪斜 50°左右，影响吃食，故称“歪鼻子”。另外，由于鼻甲骨萎缩，额窦不能正常发育，使两眼之间宽度变小和头部轮廓倾向于小猪的头形，故称“小头症”。

**2. 结膜炎** 如果炎症沿鼻泪管延伸至眼睛，则会出现明显的结膜炎症状，出现“红眼病”，该表现一般会在 30 千克以上猪只出现，严重时可见第三眼睑增生，甚至出现眼结膜化脓而导致失明。

**3. 原发性肺炎** 1 周龄以内的哺乳仔猪感染传染性萎缩性鼻炎后可以引起原发性肺炎，其发病率一般随着年龄的增长而下降。据调查，发病率可以达到 12.8%，一般常导致全窝仔猪早期死亡。发生肺炎的原因可能是由于鼻甲骨损坏，异物和继发性病原微生物侵入肺部造成，也可能是主要病原菌直接引发的结果。

肺炎的发生除了与年龄有关外，还与接种的菌量有关。在人工感染Ⅰ相菌的试验中，1 周龄以内的哺乳仔猪 1 次滴鼻 100 万以上活菌可以发生肺炎，3 周龄仔猪 1 次滴鼻 90 亿以上活菌可以发生肺炎，并可以导致猪只早期死亡。

鼻甲骨的萎缩可以促进肺炎的发生，而肺炎又反过来加重鼻甲骨萎缩的过程。

**4. 脑炎** 有的病猪鼻炎延及筛骨板，则感染可以经此而扩散至大脑，发生脑炎而导致死亡。

**5. 生长迟滞** 有的病猪生长发育迟滞，难以肥育，造成出栏时间延长，甚至成为僵猪。

## 三、猪传染性萎缩性鼻炎的发展过程

猪传染性萎缩性鼻炎是猪的一种上呼吸道的慢性、渐进性传染病，本病病程可长达几个月，甚至更长一些。

### (一)潜 伏 期

从病原菌侵入动物机体至疾病的最初症状出现，这一阶段为潜伏期。

许多调查报告指出，猪传染性萎缩性鼻炎常见于保育小猪，但实际上猪只感染传染性萎缩性鼻炎的时间是在产房里，这是由于从传染性萎缩性鼻炎感染到出现最初的临床症状至少需要 14 天，甚至更长的潜伏期。另外，潜伏期的长短主要取决于侵入猪体的病原菌的数量与毒力，病原菌侵入猪体的数量越多，毒力就越强，潜伏期就越短，反之则越长；潜伏期还决定于猪只的生理状况，猪只的抵抗力越强潜伏期就越长，反之则越短；或者猪只曾经预防接种过传染性萎缩性鼻炎疫苗，有一定的保护力，潜伏期也较长。另外，潜伏期还取决于病原菌所侵害的猪只的品种和年龄，长白猪和大白猪比国内的土种猪易感，感染后潜伏期也短，年龄大的猪只比年龄小的猪只潜伏期长，甚至可以一直不表现临床症状而呈隐性感染状态。

### (二)前 驱 期

前驱期是疾病的前兆阶段，仅出现一般的临床症状，尚未出现疾病的特征性症状。

猪只感染猪传染性萎缩性鼻炎的前驱期临床表现不明显或者不容易被发现，随着病情的发展，症状才逐渐显露出来。一般仅表现为经常打喷嚏或咳嗽、流鼻液、流眼泪、鼻塞，不能长时间将鼻端留在粉料中采食等。

### (三)明 显 期

明显期为疾病充分发展阶段,明显地表现出疾病的某些具有诊断意义的特征性的、典型的临床症状。

感染传染性萎缩性鼻炎的猪只在此期主要出现如鼻衄血,两侧内眼角下方颊部形成“泪斑”,上腭短缩,前齿咬合不齐,鼻端向一侧弯曲或者鼻部向一侧歪斜,鼻背部横皱褶逐渐增加,眼上缘水平线上的鼻梁变平变宽,并伴有生长欠佳等症状。

### (四)转 归 期

转归期为疾病发展的最后阶段,或者是疾病症状逐渐消失,机体内破坏性变化减弱和停止,生理功能逐渐趋向正常化,或者是在不良的转归情况下造成机体的部分功能障碍或者以死亡结束。

感染传染性萎缩性鼻炎的猪只可以有 2 种情况发生:一种情况是鼻甲骨再生。8 周龄以上仔猪发生 1 次感染后,可以产生轻度病变而临床上并没有表现萎缩性鼻炎症状的,如果没有继续发生新的重复感染或者混合感染,萎缩的鼻甲骨即可再生。再生组织一般呈无规律的生长状态,而且与其他疾病的再生也不容易区分。另一种情况是导致鼻甲骨不同程度萎缩,生长发育迟缓而成为僵猪,可同时伴有结膜炎、肺炎、脑炎或继发其他疾病,严重的可造成猪只死亡。

## 四、不同动物感染多杀性巴氏杆菌和支气管败血波氏杆菌的临床症状

### (一)不同动物感染多杀性巴氏杆菌的临床症状

多杀性巴氏杆菌可以引起兔、牛、羊、鹿、禽、马、猪、貉、貂

和狐狸等多种动物发病。

**1. 兔巴氏杆菌病** 多杀性巴氏杆菌是引起9周龄至6月龄的家兔死亡的最主要原因。本病的潜伏期长短不一，一般从几小时至数天不等，主要取决于家兔的抵抗力、细菌的毒力和感染数量以及入侵部位等。可以分为出血性败血症型、传染性鼻炎型、地方性肺炎型、中耳炎型、结膜炎型和脓肿、子宫炎及睾丸炎型6种。

(1)出血性败血症型 发病最急，病兔呈全身出血性败血症症状，往往生前未及发现任何病兆就突然死亡。生产中以鼻炎和肺炎混合发生的败血症最为多见，可表现为精神委靡不振，食欲减退但没有废绝，体温升高，鼻腔流出浆液性、黏液性或脓性鼻液，有时腹泻。临死前体温下降，四肢抽搐，病程数小时至3天。

(2)传染性鼻炎型 鼻腔流出浆液性、黏液性或脓性分泌物，呼吸困难，打喷嚏、咳嗽，鼻液在鼻孔处结痂，堵塞鼻孔，使呼吸更加困难，并出现呼噜声。由于患兔经常以爪挠抓鼻部，可以将病菌带入眼内、皮下等，诱发其他病症。病程一般数日至数月不等，治疗不及时多衰竭死亡。

(3)地方性肺炎型 常由传染性鼻炎继发而来，主要表现为胸膜肺炎症状。由于兔的运动量很小，自然发病时很少看出肺炎症状，经常是直到后期严重时才被发现，病程可拖延数日甚至更长。病兔体温高达40℃以上，表现为呼吸困难、食欲不振、精神沉郁、腹式呼吸，有时会出现腹泻或关节肿胀症状，最后多因肺严重出血、坏死或败血而死。

(4)中耳炎型 又称斜颈病，是病菌扩散到内耳和脑部的结果。其颈部歪斜的程度不一样，发病的年龄也不一致，多数为成年兔，但也有刚断奶的小兔就出现头颈歪斜的，严重的患兔，向着头倾斜的一方翻滚，一直到被物体阻挡住为止。由于两眼不能正视，患兔饮食极度困难，因而逐渐消瘦，最终因衰竭而死。病程长短不一。

(5)结膜炎型　临床表现为流泪，结膜充血、红肿，眼内有分泌物，常常将眼睑粘住。

(6)脓肿、子宫炎及睾丸炎型　脓肿可以发生在身体各处，皮下脓肿开始时，皮肤红肿、硬结，后来变为波动的脓肿；子宫发炎时，母体阴道有脓性分泌物；公兔睾丸炎可以表现一侧或两侧睾丸肿大，有时触摸感到发热。

**2. 牛巴氏杆菌病**　又称为牛出血性败血症，是牛的一种由多杀性巴氏杆菌引起的急性热性传染病。多见于水牛，潜伏期为 2～5 天，临床症状可以分为败血型、水肿型、肺炎型和慢性型 4 种。

(1)败血型　病初体温升高达 41℃～42℃，脉搏加快，精神沉郁，呼吸困难，皮毛粗乱，肌肉震颤，皮温不整，结膜潮红，鼻镜干燥，食欲减退或废绝，泌乳下降，反刍停止。随着病情的发展，病牛表现腹痛，开始腹泻，起初为粥状粪便，随后出现下痢排泄物稀而带有黏液、黏膜片和血液，具有恶臭味，有时尿中也带血。腹泻后，体温随之下降，一般在 12～24 小时内迅速死亡。

(2)水肿型　以牦牛常见，病牛头、颈部、咽喉及胸前部的皮下结缔组织出现炎性水肿，病初手指按压热、痛而硬，后变凉，疼痛也减轻。同时，舌及周围组织高度肿胀，舌伸于齿外，呈暗红色，病牛流涎，流泪，磨牙，呼吸困难，黏膜发绀，也有下痢或某一肢体肿胀的牛，往往在 12～36 小时内由于窒息而死亡。

(3)肺炎型　病牛临床主要表现纤维素性胸膜炎、肺炎症状，病牛呼吸困难，干咳而痛苦，流泡沫样鼻液，后呈脓性鼻液。听诊有水泡性杂音及胸膜摩擦音，胸部叩诊出现浊音区及疼痛感，病牛起初便秘，后期有的发生腹泻，粪便恶臭并混有血液，有的尿血，病程一般 3～14 天，有的转为慢性型。

(4)慢性型　以慢性肺炎为主，病程 1 个月以上。

**3. 猪巴氏杆菌病**　也称猪肺疫或出血性败血症，俗称“锁喉风”，是由多杀性巴氏杆菌所引起的急性发热性败血型传染病，以败血症和炎性出血过程为主要特征。潜伏期一般为 1～14 天，根据病的发展过程，临床上一般分为最急性型、急性型和慢性型 3 种。

(1)最急性型　往往呈败血症症状，迅速死亡，病猪突然发病，体温突然升高在 41℃～42℃，咽喉肿胀、坚硬、发热，呼吸困难，呈犬坐姿势。食欲废绝，心跳加快。口鼻黏膜发绀，腹侧、耳根、颈部、四肢内侧皮肤出现出血性红斑。病猪呈犬坐势，多在数小时至 2 天内死亡，病死率 100%。

(2)急性型　主要表现胸膜肺炎症状，也有败血症状，临床上常见此病型。体温升高至 40℃～41℃，始发时有短而干的咳嗽，鼻流黏性或脓性分泌物往往混有血液，呼吸困难。随后变为湿咳，触诊剧烈疼痛，呼吸更加困难，此时犬坐姿势，张口喘，并见可视黏膜发紫，皮肤出现出血点和出血斑。开始时便秘，后来腹泻，往往在 2～3 天死亡，不死的多转为慢性型。有黏液性或脓性结膜炎。

(3)慢性型　多由急性转来，表现为持续的咳嗽、呼吸困难、食欲不振、病猪逐渐消瘦，有的还出现关节肿胀，皮肤湿疹。最后持续腹泻，直至衰竭而亡。

**4. 禽巴氏杆菌病**　是由多杀性巴氏杆菌引起的一种侵害家禽和野禽的接触性疾病，又名禽霍乱、禽出血性败血症。

由于家禽的机体抵抗力和病菌的致病力强弱不同，所表现的病状亦有差异。一般分为最急性型、急性型和慢性型3种。

(1)鸡巴氏杆菌病

①最急性型　常见于流行初期，以产蛋高的鸡最常见。病鸡无前驱症状，晚间一切正常，吃得很饱，次日发病死在鸡舍内。

②急性型　此型最为常见，病鸡主要表现为精神沉郁，羽毛松乱，缩颈闭眼，头缩在翅下，不愿走动，离群呆立。病鸡常有腹泻，排出黄色、灰白色或绿色的稀便。体温升高至43℃～44℃，减食或不食，饮欲增加。呼吸困难，口、鼻分泌物增加。鸡冠和肉髯变青紫色，有的病鸡肉髯肿胀，有热痛感。产蛋鸡停止产蛋。最后发生衰竭，昏迷而死亡，病程短的约12小时，长的1～3天。

③慢性型　由急性不死转变而来，多见于流行后期。以慢性肺炎、慢性呼吸道炎和慢性胃肠炎较多见。病鸡鼻孔有黏性分泌物流出，鼻窦肿大，喉头积有分泌物而影响呼吸。经常腹泻，病鸡消瘦，精神委顿，冠苍白。有些病鸡一侧或两侧肉髯显著肿大，随后可能有脓性干酪样物质，或干结、坏死、脱落。有的病鸡有关节炎，常局限于脚或翼关节和腱鞘处，表现为关节肿大、疼痛、脚趾麻痹，因而发生跛行。病程可拖至1个月以上，但生长发育和产蛋长期不能恢复。

(2)鸭巴氏杆菌病　俗称"摇头瘟"。鸭发生急性霍乱的症状与鸡基本相似，常以病程短促的急性型为主。病鸭精神委顿，不愿下水游泳，即使下水，行动缓慢，常落于鸭群的后面或独蹲一隅，闭目瞌睡。羽毛松乱，两翅下垂，缩头弯颈，食欲减少或不食，饮欲增加，嗉囊内积食不化。口和鼻有黏液流出，呼吸困难，常张口呼吸，并常常摇头，企图排出积在喉头的黏液，故有"摇头瘟"之称，病鸭排出腥臭的白色或铜绿色稀便，有的粪便混有血液。有的病鸭发生气囊炎。病程稍长者可见局部关节肿胀，病鸭发生跛行或完全不能行走，还有见到掌部肿如核桃大，切开见有脓性和干酪样坏死。

(3)鹅巴氏杆菌病　成年鹅的症状与鸭相似，仔鹅发病和死亡较成年鹅严重，常以急性为主，精神委顿，食欲废绝，腹泻，喉头有黏稠的分泌物。喙和蹼发紫，翻开眼结膜有出血斑点，病程1～2天即归于死亡。

(4)鸽巴氏杆菌病　鸽巴氏杆菌病来势急，病情重，死亡快，病鸽多不食，精神沉郁，闭目缩颈，羽毛松乱，伏卧一旁，体温42℃以上，口渴常饮水，嗉囊胀满，倒提时口流淡黄色黏性液体，结膜潮红，鼻瘤失去原有灰白色，有的病鸽腹泻，排出白色或绿色黏液稀粪，病程1～2天。

(5)野生水禽巴氏杆菌病　主要发生于雁行目鸭科，其中海鸥表现为急性经过，突然死亡，从所栖息的山岩上掉下来，大多数表现为亚急性经过，全身症状明显，还有的野鸭表现失明。

**5. 羊巴氏杆菌病**　临床症状可分为最急性型、急性型和慢性型3种。

(1)最急性型　多见于哺乳羔羊，突然发病，出现寒战、虚弱、呼吸困难等，常在数小时内死亡。

(2)急性型　病羊精神沉郁，体温升高至41℃～42℃，咳嗽，鼻孔流血并混有黏液。病初便秘，后期腹泻，有的粪便呈血水样，最后因腹泻脱水而死亡。

(3)慢性型　病羊消瘦，食欲减退，咳嗽，呼吸困难，死前极度消瘦。

**6. 马属动物巴氏杆菌病**　马属动物巴氏杆菌病主要发生于幼驹，驴罕见。分为麻痹、水肿型和兴奋型3种。

(1)麻痹型　病驹表现高热，体温升高到40℃以上，精神沉郁，结膜潮红，脉搏增数，后期反应迟钝或完全消失，唇下垂不能回缩，伏卧时，前肢外展，后肢伸向后外方，膝部着地，口唇支地，病程几小时至2天。

(2)水肿型　病驹体温稍高(40℃左右)，脉搏增数，四肢和脊柱两侧反应敏感，在颊、唇、鼻梁、颈部和肩前部等处出现炎性肿胀。

(3)兴奋型　可见于驴，表现体温微高，胸部炎性水肿，经常啃咬胸部，死前怪叫、滚转、冲撞等神经症状，病程2～3天。

**7. 鹿巴氏杆菌病**　潜伏期1～5天，分为急性败血型和肺炎型2种。

(1)急性败血型　病鹿表现严重的全身症状，常于1～2天死亡。

(2)肺炎型(胸型)　病鹿除全身症状外，表现咳嗽，呼吸促迫，步态不稳，严重病例呼吸极度困难，头向前伸，鼻翼扇动，口吐白沫，排稀便，全身肌肉震颤，最后卧地不起，经1～5天死亡。

**8. 貉巴氏杆菌病**　分为急性型和慢性型2种。

(1)急性型　多数病貉暴死，多见于当年出生的仔貉，病初精神沉郁，体温达40℃以上时，食欲减少、不久废绝，鼻部干燥、呼吸困难，喜欢凉水，运步不灵活，常呈痉挛性抽搐而死亡，病程一般为1～3天。

(2)慢性型　症状与急性型基本相同，只是病程长，最后因麻痹、衰竭而死。

**9. 水貂巴氏杆菌病**　分为最急性型和急性型2种。

(1)最急性型　常未见症状而暴死。

(2)急性型　多见，表现为体温升高达41℃，鼻部干燥，病初食欲减少，后期废绝，很少活动或不动，呼吸困难，有时出现四肢麻痹，多在昏迷或痉挛中死亡，病程1～5天。

**10. 银黑狐巴氏杆菌病** 多突然发病，表现为食欲减少，甚至废绝，呼吸急促，精神沉郁，被毛蓬乱，常卧于笼内一侧，眼结膜潮红，有黏性眼屎，体温达40℃～42℃，鼻流浆性鼻液。病初腹泻，后期排血粪。病程几小时至2天。

**(二)不同动物感染支气管败血波氏杆菌的临床症状**

支气管败血波氏杆菌可以引起兔、犬、禽、羊等动物发病，但以兔和犬最为常见。

**1. 兔支气管败血波氏杆菌病** 分为鼻炎型和肺炎型2种。

(1)鼻炎型 在家兔中常发，多数病例鼻腔流出多量浆液性或黏液性分泌物，通常不变为脓性。发病诱因消除后，症状可很快消失，但常出现鼻中隔萎缩。

(2)肺炎型 其特征是病兔鼻炎长期不愈，鼻腔流出黏液或脓性分泌物，呼吸加快，食欲不振，逐渐消瘦，一般在几天至数月内死亡。

**2. 犬支气管败血波氏杆菌病** 临床上表现为不同程度的咳嗽、流鼻液。病程至少1～2周。

## 第二节 猪传染性萎缩性鼻炎的病理变化

### 一、发病机制

**(一)支气管败血波氏杆菌感染**

本病发生的基本过程是：支气管败血波氏杆菌通过呼吸道侵入机体后，首先黏附于鼻腔黏膜上皮细胞的纤毛、微绒毛及上皮的表面而在猪鼻腔黏膜上定居，然后在黏膜表面增殖形成微小的菌落，破坏局部的纤毛或上皮。同时，支气管败血波氏杆菌产生并释放的毒素，导致黏膜上皮细胞发生炎症、增生和退行性变化（包括纤毛脱落），并弥散进入鼻甲骨的骨核部，引起一系列的临床症状和病理变化。黏附于鼻腔黏膜并增殖成菌落的支气管败血波氏杆菌与其产生的各种毒素通常可以引起鼻黏膜炎、眼结膜炎、支气管肺炎和脑膜炎。如果鼻腔黏膜的急性炎症继续发展，鼻腔黏膜的屏障作用遭到破坏，细菌及其毒素就会很快进入黏膜下组织，对深部的组织呈现出明显的损伤性破坏。

在人工接种支气管败血波氏杆菌后 14～28 天的病猪，其鼻甲骨中的成骨细胞和骨细胞发生不同程度的变性和坏死，破骨细胞在病初稍显增多，随后破骨细胞减少或完全消失。电镜观察发现，支气管败血波氏杆菌的浸提物，不仅对细胞的线粒体之能量转换具有明显的抑制作用，使细胞的能量形成障碍，而且对骨细胞系统具有显著的破坏作用，导致细胞的完整性遭到破坏，同时还可以阻碍鼻甲骨基质吸收钙离子，致使鼻甲骨发育不全。由此可见，病猪鼻甲骨萎缩主要与成骨细胞和骨细胞发生病变后，骨质再生障碍、骨基质形成减少或者不能形成有关。

**（二）多杀性巴氏杆菌感染**

由于多杀性巴氏杆菌与支气管败血波氏杆菌产生的毒素不同，因而它们破坏骨质的机制也不同，两者结合其破坏力更强。Chanler 等（1990）对多杀性巴氏杆菌毒素的致病机制解释如下。

正常时，骨组织内成骨细胞沉积新骨，并抑制破骨细胞的活动，破骨细胞负责消除骨代谢产物以及为骨成形做必要的吸收，两者共同调节，决定骨的生长及形状。当毒素侵入后，一方面破坏了骨组织内的成骨细胞和破骨细胞代谢的动态平衡，骨的吸收功能增强，于是骨逐渐消失；另一方面毒素刺激鼻甲骨上皮增生，黏液腺萎缩，软骨溶解和间质组织不断增生，逐渐取代骨组织，临床上则发生渐进性萎缩病变，在猪的鼻部则表现为扭曲、变形等。这些增生的间质细胞可能是成骨细胞的前体，受毒素的作用产生持续生长和分裂效应，阻止其自身向成熟的成骨细胞转变，导致成骨细胞减少和老化，以至于功能下降。对于毒素侵害鼻甲骨的专一性推荐为，不同骨骼细胞中的成骨细胞前体存在着有无毒素受体的差异性，来自鼻甲骨的成骨细胞前体有这种受体，而其他骨的成骨细胞前体则没有。

**(三)鼻甲骨再生**

一次感染传染性萎缩性鼻炎后，如果没有发生新的重复感染或者混合感染，萎缩的鼻甲骨就可以再生。

很多证据表明，8 周龄以上的仔猪由非综合性感染而引起的鼻软骨发育不良可以再生。仔猪的鼻甲骨发育不良至随着猪只长到屠宰时的再生，可以发生在大部分感染支气管败血波氏杆菌的猪群中，这种再生可以使在屠宰时见到轻度病变而临床上却没有表现萎缩性鼻炎症状的原因进行很好的解释，尤其是由无毒性多杀性巴氏杆菌或嗜血杆菌感染造成的病变。鼻甲骨下卷曲的再生是鼻甲骨和其他鼻骨的无规律增生所致，一旦程度加深，鼻甲骨就不能再生，并且很难与正常生长的鼻甲骨分开。只有在猪群中消除支气管败血波氏杆菌才可以对正常生长的鼻甲骨进行仔细研究。再生组织一般呈无规律的生长，而且与发生其他疾病的再生也不容易区分。

## 二、病理变化

### (一)鼻腔及鼻窦的病理变化

猪只发病 3～4 周,剖检可见鼻腔的软骨和骨组织逐渐发生软化和萎缩变化,主要是鼻甲骨萎缩,特别是鼻甲骨腹侧的下卷曲最为常见,有时上下卷都呈现萎缩状态,甚至鼻甲骨完全消失,而只留下小块黏膜皱褶附着在鼻腔的外侧壁上,有时也可以见鼻中隔部分或者完全偏曲。鼻腔黏膜充血水肿,鼻窦内常积聚多量黏性、脓性或干酪样分泌物。分泌物的性状随病程的长短和继发性感染的性质而异:急性时(早期)渗出物含有脱落的上皮碎屑,慢性时(后期),鼻腔黏膜一般苍白,发生轻度水肿。当病变转移到筛骨时,除去筛骨前面的骨性障碍后,可以见到鼻窦黏膜中度充血,鼻窦内有时充满大量黏液性或者脓性渗出物,严重的可以导致脑部发生病变。

### (二)肝脏、脾脏、肾脏的病理变化

传染性萎缩性鼻炎的病原菌所产毒素可以使肝脏等发生变性。肝脏、肾脏表面有淤血斑,脾脏表面广泛性点状出血或边缘有梗死灶。

### (三)心脏的病理变化

心包膜纤维素性粘连,心包内有胶冻样液体,心肌质地坚实,切面可见心肌增厚,心室变小。

### (四)肺脏的病理变化

少数病猪伴有支气管肺炎,肺萎缩变化。肺炎灶最先见于肺尖叶、心叶和膈叶的前下部,呈小叶性或融合性病变,颜色灰暗,病变呈斑块状或者条纹状,主要在肺门附近,在肺脏的腹面部多见,也有的在肺脏的背面部。切开肺脏,肺组织常因充血而呈鲜红色或者淡红色,切面上散布有褐色小叶性炎

性病灶，从中常可以分离出病原菌。病情严重时病变常可以累及整个肺叶，并出现代偿性肺气肿变化。急性死亡的猪只肺炎灶呈红色。喉头可以见到多量黏液。

## 三、组织学变化

1966年报道了由支气管败血波氏杆菌引起鼻炎的组织学变化，1975年对此做了详细的描述。简单概括如下：上皮细胞增生，有些部位组织变形，上皮细胞结构有更多分层，出现无纤毛的多角体细胞，伴有一定程度中性和单核细胞浸润。系膜层纤维增生及骨核中心缩小。在慢性病中成骨细胞数在骨小梁处增加，破骨细胞数减少。

# 第五章 猪传染性萎缩性鼻炎的诊断技术

## 第一节 临床诊断

### 一、临床症状检查

如果被检疫猪群发现有下列症候群，临床上可以初步诊断猪群有支气管败血波氏杆菌Ⅰ相菌的传染或者与产毒性多杀性巴氏杆菌的混合感染，特别是“上腭短缩，前齿咬合不齐；鼻端向一侧弯曲或者鼻部向一侧歪斜；鼻背部横皱褶逐渐增加；眼上缘水平上的鼻梁变平变宽”具有本病临床指征意义，需要进一步进行细菌学检验、血清学试验及病理解剖学检查，予以确诊。

**(一)对仔猪群的检查**

有一定数目的仔猪鼻腔内流出鼻液、流眼泪，经常打喷嚏、鼻塞或者咳嗽，但不发热，个别猪流出的鼻液中混有血液。一些仔猪发育迟滞，犬齿部位的上唇侧方肿胀。为避免与饲料粉尘等所引起的打喷嚏混淆，应该在猪群休息后将猪群赶起，站立或者行走 5～10 分钟再进行观察。

**(二)对育成猪群和成猪群的检查**

检查时常有如下表现：①鼻塞，不能长时间将鼻端留在粉料中采食；衄血，料槽边沿染有血液。②两侧内眼角下方颊部形成“泪斑”。③鼻部和颜面有如下变形：上腭短缩，前齿咬合不齐。评定标准为下中切齿在上中切齿之后为阴性，反之为阳性；鼻端向一侧弯曲或鼻部向一侧歪斜；鼻背部横皱褶逐渐增加；眼上缘水平上的鼻梁变平变宽。④伴有生长欠佳。

## 二、病理解剖学检查

病理解剖学检查是目前诊断猪传染性萎缩性鼻炎最实用的方法。具有鼻甲骨萎缩病变的病猪不论有或者无鼻部弯曲等颜面变形的临床症状，均判定为传染性萎缩性鼻炎病猪。鼻甲骨萎缩主要发生于下鼻甲骨，特别是下卷曲。

### (一)尸体外观检查

主要检查有无鼻部和颜面变形及发育迟缓，记录其状态和程度。对上腭短缩的可以直接做定性，下中切齿在上中切齿之后的判定为“阴性”，反之判定为“阳性”；测量上中切齿与下中切齿的离开程度，离开程度小于3毫米者，判定为正常；离开程度大于12毫米者，判定为阳性。

在第一、第二对臼齿之间或者第一臼齿与犬齿之间的连线锯成横断面，可以观察鼻甲骨的形态和变化。当感染传染性萎缩性鼻炎而发生萎缩时，卷曲变小而钝直，甚至消失。

### (二)鼻部横断检查

步骤如下：①在鼻部做1～3个横断，观察鼻甲骨的形状和变化。鼻部的标准横断面在上腭第二前臼齿的前缘，此处鼻甲骨卷曲发育最充分。先除去术部皮肉，然后用锐利的细齿手锯或者钢锯以垂直方向横断鼻部即可。也可以再向前(通过上腭犬齿)或者向后做第二个和第三个新的横断，其间距成年猪为1.5～2厘米，哺乳仔猪约0.5厘米。应当注意的是，横断锯得不要太靠前，如果太靠前，因下鼻甲骨卷曲的形状不同，可能导致误诊。②为了便于检查断面，先用脱脂棉将锯屑轻轻除去。如果进行X线摄片检查,应将鼻道内的凝血块等除去,使断面构造更加清晰完整,必要时可以用吸水纸吸除液体。③检查鼻腔内分泌物的性状和数量,检查鼻腔黏膜的变化(有无水肿、发炎、出血、腐烂等)。④主要检查鼻甲骨、鼻中隔和鼻腔周围骨的对称性、完整性、形态和质地(观察有无变形、骨质软化或者疏松、萎缩以至消失情况),以及两侧鼻腔的容积。如果需要,可以测量鼻中隔的倾斜或者弯曲程度、鼻腔纵径及两侧鼻腔的最大横径。

也可以采用另一种检查方法:即沿头部正中线纵锯,再用剪刀把下鼻甲骨的侧连接剪断,取下鼻甲骨,从不同的水平做横断面,进行观察和比较。这种方法较为费时,但采集病料时不容易污染。

**(三)鼻腔标准横断面的萎缩性鼻炎分级标准**

**1. 正常(－)** 两侧鼻甲骨左右对称,骨板坚硬,上、下各有2个鼻甲骨,其中上鼻甲骨是一个完整的卷曲,下鼻甲骨为半个卷曲,有点像钝的鱼钩,而且鼻甲骨上下卷曲几乎占据整个鼻腔,与鼻中隔之间间隙不大。下鼻道比中鼻道稍大,鼻中隔正直。两侧鼻腔容积对称,鼻腔纵径大于横径。

**2. 可疑(±)** 鼻甲骨形态异常(鼻甲骨变形)不对称,不完全占有鼻腔容积,鼻甲骨卷曲,特别是下卷曲疑似有萎缩,但肉眼不能判定,鼻中隔有轻度倾斜。

**3. 轻度萎缩(＋)** 一侧或者两侧卷曲(主要是下卷曲)轻度或者部分发生萎缩,相应间腔加大或者卷曲变小,卷度变短,骨板变粗,相应间腔增大。也有发生轻度萎缩和变粗同时存在的病例,或者伴有鼻中隔轻度倾斜或偏曲,表现出两侧或上、下卷曲及其相应间腔的轻度不对称。

**4. 中等萎缩(＋＋)** 下卷曲基本萎缩,背卷曲部分萎缩。

**5. 重度萎缩(+++)** 下卷曲完全萎缩,上卷曲大部萎缩。

**6. 完全萎缩(++++)** 上卷曲及下卷曲均完全萎缩。

鼻甲骨中等萎缩到完全萎缩的病例,间或伴有鼻中隔的不同程度的歪斜和偏曲,两侧鼻腔容积不对称,或者鼻腔的横径大于纵径。严重者鼻腔周围骨(鼻骨、上腭骨)可能发生萎缩和变形。

**(四)肺部检查**

少数病仔猪伴有波氏杆菌性支气管肺炎,应进行肺部检查。肺炎区主要散在于肺前叶及后叶的腹面部分,特别是肺门部附近,也可能散在于肺的背面部分。病变呈斑块状或者条纹状发生。急性死亡病例均为红色肺炎灶。

## 第二节 鉴别诊断

在生产实践中,应注意传染性萎缩性鼻炎与鼻炎或者有类似症状的疾病进行鉴别诊断,以免误诊。常见的有传染性坏死性鼻炎、猪骨软症、猪传染性鼻炎、猪巨细胞病毒感染等。

### 一、猪传染性坏死性鼻炎

传染性坏死性鼻炎是由坏死梭杆菌通过擦伤的皮肤或者黏膜侵入猪体内而引起的一种慢性传染病。

传染性坏死性鼻炎多发生于多雨、潮湿及炎热的季节,以5～10月份比较多。猪传染性萎缩性鼻炎一年四季都可以发生,但以冬春冷热交替季节多发。传染性坏死性鼻炎一般为散发或者地方性流行,水灾地区常呈地方性流行,如果诱发疾病的因素很多,也可以成批发生。

传染性坏死性鼻炎的传播途径主要是通过猪只受伤的皮肤(或者黏膜)或者被蚊虫叮咬而传染,特别是猪只之间相互咬斗,饲养场污泥很深,场地有突出的尖锐物体时,最容易发生本病。而猪传染性萎缩性鼻炎不需要这些条件因素,只要正常接触病猪或者带菌猪即可以发生感染。坏死梭杆菌可以感染多种动物和家禽,病原菌在多种动物消化道内共生。支气管败血波氏杆菌和产毒性多杀性巴氏杆菌在猪只的口和鼻腔内存在,通过空气飞沫经呼吸道进行传播,或者经直接接触通过呼吸道感染。

传染性坏死性鼻炎病猪呼吸困难、咳嗽、流脓性鼻涕和腹泻,鼻腔黏膜出现溃疡,形成黄白色坏死假膜,有的还伴发鼻腔的软组织、软骨和骨的坏死,甚至形成溃疡和瘘管,流出腐败恶臭的坏死性分泌物,影响采食和呼吸,有时病变还可蔓延到支气管和肺,但没有打喷嚏、"泪斑"、鼻甲骨萎缩变形、生长发育迟滞等症状。而猪传染性萎缩性鼻炎鼻腔黏膜不出现坏死假膜、溃疡和瘘管、腐败恶臭的坏死性分泌物。

## 二、猪骨软症

猪骨软症是一种临床上常见的慢性疾病。猪骨软症发病对象以冬春季节的初产母猪为主,其病程比较长。猪传染性萎缩性鼻炎是以仔猪感染发病为主,3 月龄以上猪只感染后只出现轻微的或者不出现临床症状和病理变化。

本病最常见的原因是由于饲料单一,钙、磷缺乏或者其比例失调,维生素 D 缺乏或泌乳消耗过多所致。由于钙、磷摄入量不足,血钙、血磷降低,刺激甲状旁腺,使骨钙入血,造成骨质缺钙软化、变形而出现颜面骨疏松,鼻部肿大变形,呼吸困难等一系列临床症状,这与萎缩性鼻炎的症状有些相似,但骨软症打喷嚏和流泪不明显，鼻甲骨不发生萎缩。临床表现不愿活动，喜睡，异嗜，食欲减少或废绝，粪便多呈算盘珠样，站立时后肢交替负重，行走出现轻度跛行，稍后又起立困难，触诊四肢则鸣叫不已，心律失常。如果不及时治疗，病情会进一步发展，患猪完全不能站立，强迫行走时仅以两前肢跪行，后肢拖拽，四肢关节肿大，脊柱下陷，剖检可见骨质松软，用刀即可切成片状，脊柱弯曲变形，骨髓变质呈黄褐色腥臭液体。通过实验室诊断可测定血钙、血磷浓度降低。加强饲养管理，用钙制剂和维生素D类药物治疗，症状能获得逐渐缓解。而猪传染性萎缩性鼻炎没有颜面骨疏松、粪便算盘珠样、脊柱弯曲变形、骨髓变质及运动器官的功能障碍。

## 三、猪传染性鼻炎

本病由绿脓杆菌引起，呈现出血性化脓性鼻炎症状，病猪体温升高，不食。死后剖检时见鼻腔、鼻窦的骨膜、嗅神经及视神经鞘下有出血。而猪传染性萎缩性鼻炎没有这种症状。

## 四、猪巨细胞病毒感染

本病由猪巨细胞病毒引起，仅猪感染，能引起胎儿和仔猪死亡、发育迟缓、鼻炎、肺炎和增长缓慢。

在管理条件良好的猪群，该病毒可能只呈地方性流行，而不造成明显的经济损失。猪巨细胞病毒可以由患病猪只的鼻分泌物、眼分泌物、尿液及子宫颈黏液中分离出来，本病可以通过水平传播，也可以通过胎盘传播垂直感染胎儿。最易传染和扩散的途径是上呼吸道，通常认为1个月龄左右的猪是通过飞沫经鼻感染的，仔猪可能主要是通过吮乳途径与母猪直接接触而感染，也可从公猪的睾丸和附睾中分离出该病毒，所以通过交配也能发生传染。而猪传染性萎缩性鼻炎只通过呼吸道感染。

本病潜伏期 14～21 天。首次感染发生于妊娠后期的母猪，可以引起胚胎死亡、木乃伊胎、死胎、新生仔猪死亡和不育等繁殖障碍以及仔猪生长发育不良等症状。胎儿感染无眼观可见的特征性病变，有些弱仔表现为鼻炎、肺炎与贫血、皮肤或者黏膜苍白、下颌和跗关节周围不同程度的水肿、生长及发育不良，严重的可引起死亡。少数病例发生鼻甲骨的萎缩和颜面变形，据称可能与混合感染有关。可引起贫血、水肿。而感染猪传染性萎缩性鼻炎的母猪没有繁殖功能障碍症状，仔猪也没有贫血、下颌和跗关节水肿症状。

3 月龄以下病猪感染猪细胞巨化病毒的主要病变在上呼吸道，病猪常发生鼻炎、打喷嚏，吸气困难，容易与猪萎缩性鼻炎混淆。鼻黏膜表面附有卡他性、脓性分泌物，深部黏膜因细胞聚集而形成灰白色小病灶。此外，常见全身的瘀斑和水肿，尤其是肺、胸腔、喉头及跗关节皮下组织。肺小叶间隔因渗出液充盈而增宽，尖叶、心叶和膈叶的顶端实变，呈紫红色。肾脏由于广泛瘀斑和水肿，外观呈现斑点状或完全发紫、发黑。全身淋巴结肿大并有瘀斑，偶尔在小肠也可见到出血，病变从短于 1 厘米的区域至遍及全肠段不等。3 月龄以上的感染猪几乎见不到眼观病变。康复猪常成为隐性感染，长期排毒。而猪传染性萎缩性鼻炎不出现全身的淤斑、水肿及淋巴结肿大、消化道出血等变化。

## 五、猪鼻甲骨轻度萎缩与发育不全的鉴别

鼻甲骨卷曲萎缩明显以至消失者不难判定，但是下卷曲的轻度萎缩往往只有变形而看不到萎缩，有时难于判定，而且容易和鼻甲骨发育不全相混淆，应注意鉴别。

**（一）腹鼻甲骨发育不全**

腹鼻甲骨发育不全是腹卷曲小，卷曲不全，甚至呈鱼钩状，但骨板坚硬，几乎正常占据鼻腔容积，两侧对称，其他鼻腔结构正常。

圈养的小母猪由于经常咬、咀嚼、玩弄栏杆而使面部骨骼发育不对称，出现下颌凸出和下颌歪曲。与萎缩性鼻炎区别的方法是：在耳、眼的中点之间画一条假想线，并向前延伸至鼻吻，以此来判断下颌是否偏移。鉴别论证大白猪、约克夏猪的某些品系中，上腭较短，这与繁殖有关，并不出现鼻甲骨萎缩。

**（二）腹鼻甲骨萎缩**

腹鼻甲骨萎缩是鼻甲骨形态异常（鼻甲骨变形）不对称，不完全占有鼻腔容积，鼻甲骨卷曲，特别是腹卷曲疑似有萎缩，但肉眼不能判定，鼻中隔有轻度倾斜。

除了按照上述方法进行肉眼检查以外，还应对鼻甲骨进行触诊，以确定卷曲及其基础部的骨板的质地（正常的骨板坚硬，萎缩者软化以至消失）。

## 六、与其他引起未断奶仔猪打喷嚏疾病的鉴别

内容见表 5-1。

**表 5-1　引起未断奶猪打喷嚏的疾病**

| 疾　病 | 发病年龄 | 相关症状 | 其他猪的症状 | 剖检所见 | 诊　断 |
| --- | --- | --- | --- | --- | --- |
| 传染性萎缩性鼻炎 | 1周龄以下的猪常不见症状，打喷嚏等症状多出现于接近断奶的猪 | 眼睛下有泪痕、鼻液，病死率不高 | 较大的猪可能打喷嚏或者眼睛下有泪痕和口鼻部变形 | 鼻甲骨萎缩，鼻中隔偏斜，浆液性至脓性或者带血色的鼻渗出物 | 典型剖检所见，鼻液、气管及肺分泌物、扁桃体或肺组织分离培养，可检出支气管败血波氏杆菌和多杀性巴氏杆菌的产毒菌株 |
| 猪巨细胞病毒感染 | 1周龄以下的猪症状最严重，3周龄以上猪感染一般不明显，偶尔暴发于哺乳仔猪 | 下颌和跗关节水肿，运动功能障碍，贫血和呼吸困难，病死率达25% | 母猪表现繁殖功能障碍，木乃伊化和死胎增多 | 轻度鼻炎，无鼻甲骨萎缩；广泛性小出血点，皮下水肿，心包和胸腔积液，肺水肿，淋巴结肿大 | 从鼻、肺或肾分离病毒。肥育猪血清做间接荧光抗体检测。组织学：包涵体和巨细胞 |
| 猪繁殖与呼吸综合征 | 多见于哺乳猪，也见于仔猪和青年猪 | 呼吸困难，眼睑水肿，生长不好 | 各异 | 轻度鼻炎，无鼻甲骨萎缩；间质性肺炎，淋巴结肿大，呈褐色 | 病毒分离，血清学，免疫过氧化物酶，聚合酶链式反应 |

续表 5-1

| 疾　病 | 发病年龄 | 相关症状 | 其他猪的症状 | 剖检所见 | 诊　断 |
| --- | --- | --- | --- | --- | --- |
| 环境性污染物：氨、尘埃 | 任何年龄 | 大量流泪，浅表呼吸，浆液性鼻液 | 母猪可能也有轻度症状 | 呼吸道上皮轻度炎症 | 测定环境中氨和尘埃的水平 |
| 伪狂犬病，血凝性脑脊髓炎 | 打喷嚏是一种轻微症状。在年轻猪神经症状显著，很快发展到中枢神经系统 | | | | |

## 七、与其他引起断奶仔猪和较大猪打喷嚏疾病的鉴别

内容见表 5-2。

表 5-2　引起断奶仔猪和较大猪打喷嚏的疾病

| 疾　病 | 过程和发病动物 | 其他症状 | 诊　断 |
| --- | --- | --- | --- |
| 传染性萎缩性鼻炎 | 慢性。通常在哺乳猪至肥育猪可以见到症状 | 结膜炎，眼睛下有泪痕区，口鼻都变形，偶见鼻衄 | 剖检：鼻甲骨萎缩，鼻中隔偏斜。鼻液、气管及肺分泌物、扁桃体或肺组织分离培养，可以检出支气管败血波氏杆菌和多杀性巴氏杆菌的产毒菌株 |
| 环境性污染物：氨、尘埃 | 慢性。各种年龄猪都可以见到症状，但常见于青年猪，特别是在有坑凹的板条地面或有尿积集的硬地面上 | 大量流泪，浅表呼吸，浆液性鼻液 | 测定环境中氨浓度高于 25 微升/升，环境中有尘埃，特别是在饲喂前后 |

续表 5-2

| 疾　病 | 过程和发病动物 | 其他症状 | 诊　断 |
|---|---|---|---|
| 猪繁殖与呼吸综合征 | 慢性。呼吸性疾病的其他症状通常比打喷嚏更突出 | 咳嗽，呼吸困难，生长不良，轻度鼻炎，无鼻甲骨萎缩 | 病毒分离，血清学，免疫过氧化物酶，聚合酶链式反应 |
| 地方性伪狂犬病 | 慢性。各种年龄的猪可见一定程度的症状，但在某一年龄群更严重 | 咳　嗽 | 活动物血清学阳性，剖检：鼻炎，但无鼻甲骨萎缩 |
| 流行性伪狂犬病 | 症状出现相当急，可能从一群猪开始然后传播到其他猪群，青年猪症状更严重 | 咳嗽，厌食，便秘，沉郁，流涎，呕吐，中枢神经系统症状和抽搐 | 剖检：特别是在较大猪可能看不到病变，或者可以见到坏死性扁桃体炎、鼻炎，肝脏有1～2毫米的坏死灶 |
| 蓝眼副黏病毒 | 一过性打喷嚏和咳嗽 | 运动失调，摇晃和转圈 | 病毒分离 |

## 八、与其他引起未断奶仔猪呼吸困难和咳嗽疾病的鉴别

内容见表 5-3。

表 5-3　引起未断奶仔猪呼吸困难和咳嗽的疾病

| 疾　病 | 发病年龄 | 临床症状 | 剖检所见 |
|---|---|---|---|
| 缺铁性贫血 | 发病年龄在1.5周龄或2周龄或者更大 | 猪体苍白，体温正常，活动后容易疲劳，呼吸频率快，被毛粗乱 | 心肌扩张，有大量心包液渗出，肺水肿，脾大 |

续表 5-3

| 疾病 | 发病年龄 | 临床症状 | 剖检所见 |
| --- | --- | --- | --- |
| 猪繁殖与呼吸综合征 | 所有年龄都可以发病 | 呼吸困难，张口呼吸，发热，眼睑水肿，衰弱仔猪综合征 | 肺脏斑状-褐色，多灶性至弥漫性肺炎，胸部淋巴结水肿增大 |
| 支气管败血波氏杆菌肺炎 | 3 日龄或者更大 | 咳嗽，衰弱，呼吸快，发病猪病死率高 | 全肺分布有斑状肺炎病变 |
| 细菌性肺炎 | 1 周龄或者更大 | 呼吸困难，咳嗽 | 病原菌可能是副猪嗜血杆菌，多杀性巴氏杆菌，胸膜肺炎放线杆菌或猪肺炎支原体 |
| 伪狂犬病 | 所有年龄 | 呼吸困难，发热，流涎，呕吐，腹泻，神经症状和高病死率 | 肺炎，肠溃疡，肝大，各器官有白色坏死灶 |
| 弓形虫病 | 所有年龄 | 呼吸困难，发热，腹泻，神经症状 | 肺炎，肠溃疡，肝大，各器官有白色坏死灶 |
| 仔猪综合征 | 出生时明显 | 未发育的圆头，被毛稀疏，直立，试图呼吸时有呻吟声 | 甲状腺小，肺膨胀不全 |
| 链球菌病 | 1 周龄或者更大 | 呼吸困难，咳嗽 | 纤维素性肺炎 |

## 九、与其他引起断奶仔猪呼吸困难和咳嗽疾病的鉴别

内容见表 5-4。

表 5-4　引起断奶仔猪呼吸困难和咳嗽的疾病

| 疾　病 | 临床症状 | 剖检所见 | 诊　断 |
| --- | --- | --- | --- |
| 支气管败血波氏杆菌肺炎 | 呼吸困难，厌食，一般不发热 | 肺炎区主要散在于肺前叶及后叶的腹面部分，特别是肺门部附近，也可能散在于肺的背面部分。病变呈斑块状或者条纹状发生。急性死亡病例均为红色肺炎灶 | 剖检：鼻甲骨萎缩，鼻中隔偏斜。鼻液、气管及肺分泌物、扁桃体或肺组织分离培养，可以检出支气管败血波氏杆菌和多杀性巴氏杆菌的产毒菌株 |
| 猪流感 | 发病急，发病率 100%，发热，极度衰弱，痉挛性呼吸，阵发性咳嗽 | 咽、喉头、气管和支气管内有黏稠的液体，肺有下陷的深紫色区 | 剖检和病原检测 |
| 心功能不全 | 呼吸快或腹式呼吸，湿咳无痰，皮下水肿，腹部增大 | 心增大扩张，瓣膜性心内膜炎，肺水肿，肝大 | 剖检和检测肝中硒的含量 |
| 猪应激综合征、中暑虚脱、气喘母猪综合征 | 呼吸快，急促，不咳嗽，张口呼吸，气喘，体温极高 | 肌肉苍白，松软或有渗出，肺充血和水肿，自溶快速 | 剖　检 |

# 第三节　猪传染性萎缩性鼻炎的实验室诊断

## 一、实验室工作的基本要求

### (一)实验室安全要求

作为动物疫病监(检)测诊断实验室,必须达到相应的实验室生物安全标准,确保在动物疫病诊断监(检)测过程中的生物安全,防止病原微生物向外扩散,污染环境和引发疫病流行,同时保证不对实验操作人员构成身体伤害。

**1. 实验室内部结构**　①实验室应设有病毒病监(检)测室、细菌病监(检)测室、寄生虫病监(检)测室、病理研究室、洗涤室及无害化处理室、试剂药品室、器材准备室等,实验区内要设有缓冲间、更衣间。各功能区应相对分开,并有明显的标志。②实验室要有适宜的场地,要有消毒洗刷间。③实验室的墙壁、地面和顶部必须具有耐冲洗、防酸碱、防火性能。墙壁、地面和房顶应平整、严密无缝。④实验室的门窗透光性能要良好,封闭性能要良好,以便于熏蒸消毒。⑤实验室要有防昆虫和啮齿类动物的设施,要有防火防盗设施。如实验区可采取封闭或半封闭形式,对可开关的窗户要安装纱窗。

**2. 实验室基础设施**　进出通道口处,应设置警示标志以及进出的有关规定,并制定严格的管理措施。①实验室要保证有良好的照明,并配有除尘装置。②每一实验室内必须设有洗手盆(或相应的洗手设施)、洗眼设施,并保证处于良好的工作状态,洗眼瓶的液体必须新鲜,由专人管理。③实验台面、桌、椅表面光滑不渗水,耐酸、碱、有机溶剂、阻燃性能良好,顶棚、墙面、地面光滑且易于清洗、消毒。实验台面要稳固,并且实验台、实验柜及设备之间的空间要便于消毒。④对动物尸体和废弃物的处理要有适宜的无害化处理设施(如污物桶、盛装污物的密闭性容器、高压蒸汽灭菌器、消毒设备等)和措施。实验污水排出前要进行消毒、灭菌处理。⑤要有特定的防护服、防护镜、工作鞋、帽,病原学工作防护服应与一般工作防护服有所区别。⑥实验室内的温度和湿度不仅能调节,还可以控制气流的方向和强度,要有一、二、三级排气保护橱或者生物安全台(柜),室内空气经滤器除菌后排出,进入室内的空气也应该进行过滤。⑦实验室应配备空调。具备特定的病原保存室或者带锁的冰柜。⑧为了杀灭空气中飞散的菌落,应该用紫外线照射,作业区还应该配备杀菌灯,在每次检查后都要照射1小时左右。

**3. 实验室的管理** ①限制区要有警示标志。②管理制度必须上墙。③实验室必须上锁。④人员进入要经过实验室负责人的批准并进行登记。⑤私人物品或者与实验无关的物品不得带入或存入实验室。⑥进入实验室前必须更换工作服、鞋。进入实验室的路线按照有关规定,必须严格执行。⑦所有事故必须报告,报告和处理措施、结果存入档案。⑧实验区门口要挂有实验室工作流程图。实验区的走廊要挂有实验室平面布局图、人流、物流和废弃物流向图。⑨物品、废弃物和污水在运出实验室和排放之前,必须被证实是无污染的或是经过无害化处理的;对可重复使用的物品,应另行放置,以便统一回收并进行消毒清洗。在实验室外消毒的物品应放置于密闭的容器内,密封后运出实验室。

### (二)实验人员工作安全要求

实验人员工作时既要求严谨认真,又要求大胆细心,工作人员必须严格遵守以下实验室规则。①要建立实验室工作人员定期体检制度。实验室工作人员必须证明没有相关的疫病。②实验室负责人对任何情况、何人可以进入实验室或者对实验室工作负有最终责任。非实验室工作人员、非实验动物禁止进入实验室;试验进行中,禁止或限制与本实验无关人员进入实验室;患病或者生理受限制人员禁止进入实验室。③实验工作人员须建立无菌意识,既要防止临床标本及纯培养物被污染,更要防止临床标本或纯培养中的病原微生物感染人体或污染环境。④实验室内禁止饮食、抽烟、触摸眼镜、化妆和以手抚摸头、面部等行为,不许佩戴首饰,不得高声谈笑或者随便走动。严禁存放私人或者与试验无关的物品,必须带入的书籍和文具等应当放在指定的非操作区,以免受到污染。⑤有毒、有害作用的物质、试剂的名称及防范措施必须注明,实验室工作人员应熟知特定危害,并依照规范和规程进行操作。实验室工作人员应接受与其工作有关的潜在危害方面的系统培训,或者针对有关规章的最新变化进行培训。⑥诊断试剂、种毒和病料应存放在加锁的冰箱或者冰柜内,由专人保管。培养物、组织样本或者液体样本应放置于规定的容器内。在收集、处理、贮存、运输过程中应按照规定的方法操作,严防泄漏。⑦针对污染的利器,如注射器、针头、吸管、毛细管和刀片等,必须经常保持高度警觉,应尽可能使用塑料管代替玻璃管。注射器和针头或者其他锋利物品应在实验室内限制使用,除非别无选择。⑧实验室工作人员应爱护室内仪器设备,严格按操作规则使用。节约使用实验材料,各种实验物品应按指定地点存放。⑨使用危险材料应行无菌操作,盛危险材料的器皿要牢固,以免操作过程破裂,以防液体流出,造成污染。酒精灯不可互相点燃,以防发生意外。⑩禁止用口直接吸吸管,不许用手直接接触检验样品或者被检验样品污染的器具。⑪用过的手术器械、注射器、吸管、滴管、试管、玻片等带菌器材必须放在指定的地方或者含有消毒液的消毒缸内，禁止随意放于桌面上或者放入水槽内，亦不得将带菌液体倾入水槽；用过的尸体、内脏、血液以及废弃的培养基、生物制品等，须严加消毒或者深埋等无害化处理；用过的棉球、纱布等污物，应放在固定容器中统一无害化处理，不得随意抛弃。⑫一旦出现环境被检验样品污染或者其他事故，禁止隐瞒或者自作主张不按规定处理，必须立即上报实验室负责人，立即用有效方法进行应急处理，并进行全面的生物学评估、监测，对造成伤害的工作人员及时进行相应治疗，并保存所有记录。⑬实验完毕，登记仪器使用记录，应把用过的物品放回原处（如显微镜、接种环、染色液、擦镜纸、香柏油、火柴等），须送温箱培养的物品，应当做好标记后送到指定地点。最后将实验室打扫干净，并对实验室进行常规消毒处理。⑭离开实验室前，应脱下实验服，反折后放入抽屉内。在消毒液中将手浸泡 5～10 分钟，并用自来水冲洗干净，然后关好水、电、门、窗后，方可离室。⑮未经许可，不得将实验室内的任何物品借出或者带出室外。

**（三）实验室工作人员的自身防护**

应做到以下几点：①必须制定实验室相应的规章管理制度，确保进入实验室工作人员的健康，当实验室使用的病原或者病料对操作人员具有特殊要求（如为人兽共患病或者使用有毒害作用的试剂时），必须设立警告标志，标明具体的注意事项和负责人的姓名及联系方法。同时，必须掌握所从事病原或者病料对工作人员健康的影响，并将这些信息明确地告知工作人员。②在实验室内，应穿戴保护性实验室专用工作服。在进入其他非实验区前，这些保护服应放置于实验室内。

所有的防护服必须在实验室内进行处理，或者由专职机构进行清洗，实验室工作人员不能私自带出实验室。③实验室工作人员在进行病原和病料或者其他有毒害作用的样品处理时，必须穿戴相应的防护服，还应特别注意进行面部保护，操作时必须戴口罩、手套、防护眼镜或者采用其他的保护措施（防护物品最好使用一次性的）。口罩、手套最好佩戴 2 副，一旦有害物外溅，应立即脱掉。④在试验工作结束后，应摘掉口罩、手套，防护眼镜和防护服等进行浸泡消毒或者高压蒸汽灭菌，切不可带出实验室。工作时使用的非一次性防护用品必须在实验室内彻底消毒处理后方可再次使用。

**（四）实验室发生意外事故的应急处理**

**1. 皮肤破伤** 包括皮肤的破损、针刺和切割伤，应尽可能挤出损伤处的血液，除尽异物，用肥皂和清水冲洗伤口或者沾污的皮肤；如果黏膜破损，应用生理盐水（或清水）反复冲洗。伤口应用消毒液（如 70%酒精、0.2%次氯酸钠、0.2%～0.5%过氧乙酸、0.5%来苏儿等）浸泡或者涂抹消毒，并包扎伤口。

**2. 烫伤或烧伤** 应立即冷敷降温，以减少渗出，然后涂以獾油等烧伤治疗剂。

**3. 化学药品腐蚀伤** 如果为强酸腐蚀，先用大量清水冲洗，再以 5%碳酸氢钠或者 5%氢氧化铵溶液中和；如果强碱腐蚀则先以大量清水冲洗后，再以 5%醋酸或者 5%硼酸洗涤中和。

**4. 眼睛溅入液体** 必须迅速用生理盐水连续冲洗至少 10 分钟，避免揉擦眼睛。

**5. 衣物污染** 尽快脱掉被污染衣物以防止感染物污染皮肤，清洗双手。将已经污染的衣物放入高压蒸汽灭菌器。

清理发生污染的地方及放置污染衣物的地方。如果个人衣物被污染，应立即将污染处浸入消毒剂，并更换干净的衣物或一次性衣物。

**6. 吸入病原菌菌液** 应立即吐入容器内消毒，并用1∶1 000高锰酸钾溶液漱口；可根据菌种不同，服用抗菌药物予以预防。

**7. 桌面或手污染** 如果菌液流洒桌面，应倾倒适量84消毒液或者0.1%新洁尔灭溶液于污染面，让其浸泡30分钟后抹去；如果手上沾有活菌，亦应浸泡于上述消毒液10分钟后，再用肥皂及水洗刷。

**8. 地面污染** 被污染的地面应该用经消毒剂浸泡的吸水物质覆盖，消毒剂起作用10～15分钟后，用消毒剂冲洗清理被污染的地方，并以可行的方法移走吸水性物质。

**9. 严防火灾** 如果发生火灾应该沉着处理，切勿慌张。立即关闭电源，如系酒精、二甲苯、乙醚等起火，切忌用水，应迅速用蘸水的布类和沙土覆盖扑火。

**10. 感染动物逃跑** 感染动物逃跑应立即抓回，并对污染区进行处理。

**11. 建立意外事故档案** 建立《实验室意外事故记录簿》，凡发生意外事故均应登记在记录簿上。

## 二、样品的采集、保存与运输

### （一）样品的采集

**1. 样品采集注意事项** 动物疫病的实验室检验须从采样开始，快速、准确地诊断与采集病料的合适与否有直接的关系。采集病料时应注意以下几点。①尸检必须符合野外操作所要求的卫生条件，避免体液外溅污染环境，防止通过苍蝇或者其他可能的机械媒介传播疾病。②所用器械在采样前后要严格消毒。③采样时必须仔细谨慎，以免对动物产生不必要的刺激或损害，同时要避免对采样者造成危险，还要清醒地记住人兽共患病的危险，以免使人感染。④采样人员应具有尸检技术和病理学知识，能正确掌握尸检程序，并且能够按照严格的技术要求进行操作。⑤样品的采集要及时，应在患病动物死后立即进行，最好不超过 6 小时。如拖延过久，尤其是夏天，组织变性或腐败，不仅有碍病原微生物的检出，也影响病理组织学检验的正确性。⑥采集样品之前应该先对病史、病情和用药等情况加以了解和记录，尽量选择未经抗菌治疗、症状和病变典型的病例，详细进行剖检前检查，最好能同时选择几种不同病程的病料。⑦采集样品应有的放矢。猪传染性萎缩性鼻炎的标本有鼻腔分泌物、气管分泌物、阴道分泌物、肠内容物和肺组织液等，要根据将采用的试验方法和观察到的患病动物的临床症状，来选择最合适的器官和最有价值的病料。⑧采样除病理组织学检验材料及胃肠等以外，其他材料都必须采取无菌操作，而且要避免样品交叉污染。为了减少污染机会，应先采取微生物学检验材料，后采取病理组织学检验材料。⑨采集的样品应该根据样品的种类，按照要求妥善处理后仔细地包装，并贴上标签，而且要控制在一定的温度，将样品放入装有冰块的保温瓶(箱)内。如果没有冰块，可以在保温瓶内放入氯化铵 450～500 克，加水至 1 500 毫升，上层放样品，能使保温瓶内保持 0℃达 24 小时。样品装入试管或小瓶时，切勿污染其口部及外壁。⑩样品按照要求包装好后要以最快的方式运送到实验室。样品需要邮寄或者运输时，应遵循有关规定。所有样品都应该带有书面材料，注明来源、送样人、有关背景及所要求做的试验项目等。

**2. 被采样动物的保定** 样品采集前应保定好被采样动物，以保证样品的顺利采集。猪常用的保定方法有4种。

(1)倒立提举保定法 即用手抓住猪的两后肢的方法保定，大多数小猪都可以采用这种方法。保定者用两手紧紧握住猪的两个跗关节下，用力提举，并用两腿紧夹猪的颈部，防止其来回摆动。

(2)横卧保定法 一人先抓住猪的一后肢，另一人抓住双侧耳朵，固定好头部，使猪失去平衡而倒下，然后可以根据需要固定四肢。

(3)仰卧保定法 按照四肢固定保定法将猪放倒后，将猪放在一槽子内做仰卧保定。也可以用木棒和绳子制成网架，将猪放在网架上，四肢穿过网眼向下悬空。

(4)鼻绳保定法 对于大猪的保定可以用鼻绳(或鼻套)保定法，即用一条2米长的绳子，在一端做成直径15～18厘米的活结绳套，或者用粗4～5厘米，长约2米的木棍1根，一端钻孔，用皮条或者小手指粗的麻绳通过孔，再结扎两头使之成一绳套，其大小以能够套过猪的上颌再稍微大些为宜。保定时将绳套从口腔套在猪的上颌骨犬齿的后方，然后将另一端固定，把猪的头部提成水平即可。或者套进后立即旋转绳套，使猪产生疼痛感而达到保定目的。需要倒卧保定时，可以将猪放倒后，捆好四肢，然后用木杠子压住颈部。

**3. 病料的采集方法**

(1)呼吸道分泌物的采集

①保定及消毒 小猪可以用倒卧或者仰卧保定法保定，大猪用鼻绳保定法保定。用拧去多余酒精的酒精棉先将鼻孔内缘擦拭干净，然后擦拭鼻孔周围，再由两侧鼻腔采取鼻黏液。

②采集方法　活猪采集时可以用一根无菌棉头拭子同时采取两侧鼻黏液,或者每侧鼻黏液分别用一根无菌棉头拭子采取。将无菌棉头拭子插入鼻孔后,先通过前庭弯曲部,然后直达鼻道中部旋转拭子,使鼻腔内分泌物充分黏附于拭子上,立即将拭子插入灭菌空试管中(不要贴壁推进)。用灭菌试管棉塞将拭子杆上端固定,也可以将沾有鼻黏液的无菌棉头拭子立即放入装有灭菌肉汤或者生理盐水的小试管中,然后将灭菌试管的棉塞塞紧;解剖猪采集时,应同时采取鼻腔后部(至筛板前壁)和气管的分泌物及肺组织进行细菌培养:沿两侧第一、第二臼齿间的连线横锯鼻骨成横断面(准备锯开的术部及鼻锯应事先进行火焰消毒),然后由鼻断端插入拭子直达筛骨板,采取两侧鼻腔后部的分泌物,再由声门插入无菌棉头拭子达气管下部,在气管壁旋转无菌棉头拭子取出气管上、下部的分泌物。

③注意事项　无菌棉头拭子的长度和粗细视猪的大小而定,应光滑可弯曲,由竹皮等材料削成,前部钝圆,缠包脱脂棉,装入容器,高压灭菌;鼻黏液应在当天(最好在 4 小时内)涂抹培养基,无菌棉头拭子仍保存于 4℃冰箱以备复检,夏天不能立即涂抹培养基时,应将盛有无菌棉头拭子的试管立即放入冰箱或者冰瓶内;给活猪采取鼻黏液时病猪往往打喷嚏,采样者应特别注意手及使用材料的消毒,防止交叉污染。

(2)粪便样品的采集　粪便采集时应尽量挑取有混有脓血、黏液部分的粪便 2～3 克;液状粪便采集絮状物,盛于灭菌的广口瓶中或者蜡质纸盒中,并及时送检和接种。在无法获得粪便时,可以用无菌生理盐水或者增菌液湿润直肠,将棉拭子插入肛门 4～5 厘米深处,轻轻转动 1 周擦取直肠表面的黏液后取出,盛入无菌试管或者保存液中送检。

(3)穿刺液(胸腹水、心包液、关节液、深部脓肿等)样品的采集　各种穿刺液标本应由专业兽医人员以无菌穿刺术抽取,胸、腹水抽取量一般为5～10毫升,心包液、关节液等一般抽取量为1～5毫升,将所得的穿刺液盛于含有无菌抗凝剂的试管或者玻璃瓶中(抗凝剂为3.8%枸橼酸钠溶液,须事先加入,约占标本体积的1/10即可),充分混匀后,立即送检。尸体剖检后的胸腹水、心包液、关节液、深部脓肿等可以用灭菌吸管吸取,置于灭菌容器中,也可以用无菌棉签蘸取患处深部脓液或者分泌物少许,置入无菌空试管内,送检。

(4)尿液样品的采集　采取导尿法或者收集中段尿液,并以早晨第一次尿液为宜。正常的尿液是无菌的,而尿液细菌培养最大的问题是杂菌污染,外尿道常有大肠杆菌、葡萄球菌等存在,而这些细菌又是尿路感染中常见的病原菌。因此,要做好尿液细菌学检查,首先应注意标本收集问题。做细菌培养的尿液标本,采集前应停用抗生素5天,收集24小时全部尿液,并将沉淀部分盛于洁净瓶内送检。

首先将动物保定,用阴道扩张器打开阴唇,露出尿道口,用无菌的9号导尿管用止血钳或大镊子夹好,慢慢送入尿道内5～10厘米,取得尿液10～15毫升,盛于无菌试管中,不能混入消毒剂,否则影响细菌生长。由于导尿有将微生物引入膀胱的危险,因此目前常采用中段尿的方法,即将尿液分成3段,第一段排掉,收集中段尿3～5毫升留入试管中,立即加塞盖好送检。具体方法是首先用肥皂水或0.1%高锰酸钾溶液、0.1%新洁尔灭溶液冲洗外阴部及尿道口,将无菌小瓶直接对准尿道,用胶布黏好固定于皮肤上,待排尿后接取中段尿立即送检。

(5)脑脊液、胆汁样品的采集　脑脊液、胆汁标本的采集方法应由专业兽医人员亲自操作，将采集的样品放在无菌试管内，并注意保温，并立即送实验室培养。

(6)精液样品的采集　精液样品可用假阴道或人工刺激的方法采集，精液样品精子含量要多，而且要避免无菌冲洗液的污染。

(7)血液样品的采集

①猪的采血方法　耳静脉采血：站立保定，助手用力在耳根压静脉的近心端，手指轻弹或者用酒精棉球反复涂擦耳静脉，使血管扩张，针头沿血管刺入，见有血液回流接入真空采血管；前腔静脉采血：保定器让猪头仰起，露出右腋窝，针头从右侧向心脏方向刺入，回抽见有回血时，即把针芯向外拉，使血液流入采血真空管。

②禽类的采血方法　雏鸡(禽)心脏采血：左手抓鸡，竖直，手持采血针，平行颈椎。从胸腔前口插入，回抽见有回血且稳中有降时，即把针芯向外拉，使血液流入采血针；成年禽心脏采血：助手抓住两翅及两腿，右侧握保定，在触及心搏动明显处或胸骨前端、背部下部凹处连线的1/2处消毒，垂直或稍向前方刺入2～3厘米，回抽见回血时，即把针芯向外拉，使血液流入采血针；成年禽可以采取翅静脉采血：助手一手握住禽的两腿，另一手握住两翼，在翅下静脉处消毒，手持采血针，从无血管处顺静脉方向刺入，见有血液回流即把针芯向外拉，使血液流入采血针，每只禽采血液2～3毫升并做好标记。

③牛、羊采血方法　牛颈静脉采血：用手按住颈静脉沟的下端及近心端，可以看到颈静脉隆起，消毒后在颈静脉隆起处，针头向头端方向快速刺入，抽取5毫升血液，采血完毕用酒精棉球按压并拔出针头；尾静脉采血：在牛尾根后下方4～5厘米的正中，垂直刺入2～3厘米，见有血液回流进入真空

采血管;奶牛也可乳房静脉采血:奶牛腹部可看到明显隆起的乳房静脉,消毒后在静脉隆起处,针头向后肢方向快速刺入,见有血液回流进入真空采血管;羊的采血方法:选用颈静脉采血,方法同牛颈静脉采血。

④血清分离　采血后针芯后拉,抽入少量空气,倾斜45°左右放置,血液凝固前不能晃动以防止溶血,血液经过自然放置数小时,冬天可以置37℃恒温箱中1小时左右,见上面析出淡黄色液体即为血清,将血清移到另外的小塑料离心管中,盖紧瓶盖,做好标记,每份血清量不少于0.5毫升。

(8)乳汁及乳制品的采集　乳汁应无菌采集,一般以挤出的最后乳汁含菌量比较多,早晨第一次挤出的4个乳头混合乳含菌量最高。具体方法是首先冲洗并擦干整个乳房并且消毒乳头后,才能采集乳样,但要避免消毒剂污染。通常每个乳头采集10～20毫升,弃去第一把奶,将再挤出的乳汁直接放入灭菌试管中,塞好棉塞,放在冰箱中过夜,或者将乳汁盛在灭菌离心管中离心后接种,如果用穿刺法采集乳房乳糜池的乳汁培养更好。用作血清学试验的乳汁不要冻存、加热或强力震动。乳制品含菌量比较少,需要进行增菌培养。在采样过程中应避免乳汁接触采集者的手,防止材料交叉污染。

(9)组织样品的采集　可以采集病变组织或者淋巴结。用常规器械剥离死亡动物的皮肤,体腔用灭菌器械打开,并用无菌器械收集所需器官的组织块。猪传染性萎缩性鼻炎可以在肺门部采取肺组织,如有肺炎,应同时在病变部采取组织块,也可以用无菌棉头拭子插入肺断面采取肺汁和破碎组织。也可以采取扁桃体,可以使用扁桃体采样器:把采样钩拉在扁桃体上,快速扣动板机即可,也可以用开口器开口,看到突起的扁桃体后快速扣动扳机,将取出的扁桃体放离心管中。供组织病理学检查的组织块的厚度不能超过0.5厘米，切成1～2平方厘米的组织块，每块组织应单独放置在消毒过的带螺帽的小瓶或者塑料袋中，并注明采样日期、组织名称和动物名称。

**（二）样品的保存与运输**

**1. 样品的保存**　如果采集的样品不能立即处理，须采取妥善的方法保存，才不会影响检测结果。

（1）细菌检验材料的保存　将采取的组织块保存于饱和盐水或30％甘油缓冲溶液中，容器加塞封固。将血液等液体状样品直接保存在有塞的灭菌容器中即可。将猪呼吸道分泌物或扁桃体拭子样品应放入活性炭运输培养基或者饱和盐水中保存。

①饱和盐水的配制　蒸馏水100毫升，加入氯化钠38～39克，充分搅拌溶解后，用数层纱布滤过，高压蒸汽灭菌后备用。

②30％甘油缓冲溶液的配制　纯净甘油30毫升，氯化钠0.5克，碱性磷酸钠1克，蒸馏水加至100毫升，混合后高压灭菌备用。

（2）病理组织学检验材料的保存　将采取的组织块放入10％甲醛中性溶液或者95％酒精中固定，固定液的用量须为样品体积的10倍以上。如果用溶液固定，应在24小时后更换新鲜溶液1次。严寒季节为防止组织块冻结，在送检时可以将上述固定好的组织块取出，保存于甘油和10％甲醛等量的混合液中。

**2. 送检单的填写**　样品采集后，应该登记在送检单或样品的附带资料上，注明采样时间、采样人、样品名称、数量、送检目的及免疫情况等事项，并随样品一起送到实验室，送检单最好装在另外的塑料袋中，以防被样品污染。

送检单或者样品附带资料的详细内容应该包括：疾病所在地畜主或者所有者的姓名和地址、邮政编码、电话、传真号码及发送日期；疑似病种；样品种类、数量、样品处理及保存方法、保存液名称和要求的试验及采样日期；养殖场里饲养的动物品种及感染动物的数量、年龄和性别及标识号；动物到养殖场的时间；如果是刚刚进场的要注明来自何处；首发病例和继发病例的发病日期或造成的损失，以前有无送过样品的参考数值；感染在动物群中传播的情况；死亡的动物数量、出现临床症状的动物数量、年龄和性别及品种；临床症状及其持续的时间；饲养类型和标准；送检样品的清单和说明、尸检记录等。

**3. 样品的包装与运送**

(1)样品的包装　装有试验样品的容器必须盖紧和包装好，要严格避免在样品运送过程中倒翻和碰破流出，造成病原菌的扩散，因此要将冷藏的样品按送检单的数目仔细地包装后，放入加冰的冰瓶内密封好才能运送。应用适当的方法清楚地标明样品，标志用具应能承受各种条件，如潮湿和冻结，铅笔很容易被擦掉，最好不用；标签贴在塑料袋上在－70℃下容易脱落，应该注意。

(2)样品的运送　样品最好由专人送检，一般送往县级以上的动物防疫部门，也可以送往兽医研究部门。但是，并非每个单位所有检验项目都能做，因此平时应注意了解有关检验单位可以检验的项目，以便届时能直接送检，尽量缩短送检时间。

新采集的样品应以最快的途径送往实验室，尿液更应及时送检，以免细菌繁殖、细胞溶解等。如果样品能在采集后24小时内送达实验室，可以装在加冰块的广口保温瓶中运送，也可以用聚苯乙烯容器和化学冷却剂运送。如果样品不能在采集后24小时内送达实验室，只能冷冻运送，需要注意的是，供组织病理学检查的组织块不能冷冻，在送检时应置于至少10倍于组织样品体积的10％甲醛中性缓冲溶液中或甘油中运送。

通过邮局寄送时，装有样品的瓶或盒的帽要拧紧，并且要用PVC带封好，再用吸水纸或棉花把瓶包裹好，封在聚乙烯袋中，装在硬木盒或者金属盒中。包扎好后，写上地址，并且要贴上“传染性物品”标签，如果需要，要按照国际航空运输协会及任何特殊进口法律来贴标签。

跨国际送样品前要事先征得接收实验室的许可，以保证对方实验室愿意接收样品并办理进口许可证。

## 三、样品的接收

### (一)存样容器的检查

检查样品的容器有无明显的物理学缺陷：仔细检查塑料袋是否有撕裂、针眼和穿孔等。检查玻璃容器是否有破碎情况；有盖容器要检查瓶口有无破损和是否将瓶盖脱落或丢失。由于上述问题都可以引起任何交叉污染问题，而使采集的样品无效，因此在接收样品时必须严格检查。

### (二)送检样品的检查

在检查存样容器后，要检查样品及保存是否符合检测要求。如血清样品是否有腐败、溶血、自凝等现象，病料是否有腐败变质现象等，不同的样品是否按照要求保存在特定的试剂中等。最后，要检查所送样品的量是否能满足实验的需要量。

### (三)送检单和样品标记的检查

仔细检查每个样品标记的号码是否与送检单相吻合，避免样品之间混淆不清。

### (四)填写样品接收登记单

以上各项检查均合格后，要详细填写样品接收登记单，写清样品接收时间、接样人、样品数量、名称、样品性状、包装及保存情况、送样人、送样单位、检测目的、与样品相关的自然情况(同群动物的存栏数量、相关疫病的免疫情况、饲养条件、发病及治疗用药等情况)等内容。

### (五)样品保存

最理想的是实验室收到样品时立即进行检验，但在实际工作中检验的时间很可能推迟。此时应将冷冻样品存放在－20℃以下，直到检验。非冷冻的易腐败样品应保存在0℃～4℃条件下，但不要超过24小时。

## 四、样品的实验室处理

### (一)组织的处理

将样品用100%的福尔马林缓冲液固定，石蜡包埋，制成0.04毫米厚的切片，然后用苏木精和曙红染色。将组织样品等分，1份贮存于－80℃条件下，以备重复试验。另一份取5克带病灶的样品切成小块，加无菌蒸馏水用匀浆机处置15分钟使之均质。然后取2毫升匀浆用Tacquet和Tison(1991)的方法去污，并取10毫升匀浆加入10毫升0.75%氯化脱环己基吡啶进行去污，将混合物在Sigma3-10离心机以1 068转/分离心30分钟，沉淀，接种于Coletsos和无甘油的罗氏两种培养基，每周观察其生长情况，对疑似分枝菌菌落用萋-尼氏技术检查嗜酸菌，对分离菌按其形态特征及生化特性来鉴定。

**(二)乳汁的处理**

将乳汁样品置于封口的离心管中,以2 000转/分离心15分钟或3 000转/分离心10分钟,将奶油和沉淀分开或者混合铺于选择固体培养基上。

**(三)乳制品的处理**

将样品放入组织研磨器中研磨或者加入无菌的磷酸盐缓冲液,用电动混合器混匀,仔细匀浆后再进行培养,乳制品表层(表面及下层部分)及乳制品的核心部分都要培养。

**(四)血液和骨髓穿刺液的处理**

可将采集到的样品直接接种于液体培养基中,也可以接种于固体双糖培养基,如果样品有较大的污染,可以在增菌的液体培养基中加入1/20万龙胆紫溶液。

## 五、样品备查

检验完毕,样品需在发出报告后保存15天,如果在此期间内被检单位无异议,方可进行无害化处理。

## 六、细菌学检验

细菌学检查目前主要是对支气管败血波氏杆菌及产毒性多杀性巴氏杆菌两种主要致病菌的检查,是通过从鼻分泌物、支气管分泌物、肺冲洗物及尸检肺组织中进行病原菌的分离、鉴定。该方法的缺点是操作技术要求较高、过程烦琐、花费时间长,而且由于现场常使用抗生素保健,易导致活菌分离的成功率不高。

由猪鼻腔采取鼻黏液,同时进行支气管败血波氏杆菌及多杀性巴氏杆菌的分离培养。猪群检疫以4～16周龄,特别是4～8周龄猪只的检菌率最高。

**(一)涂片镜检**

**1. 器材** 显微镜、酒精灯、载玻片、擦镜纸、吸水纸等。

**2. 染色液及试剂** 革兰氏染色液、美蓝染色液或瑞氏染色液、香柏油、二甲苯。

**3. 方法步骤**

(1)细菌涂片标本的制作

①涂片 取洁净无油脂的载玻片在酒精灯火焰上略加烧灼,冷却后方可涂片,肝脏、脾脏等组织脏器可先用无菌镊子夹住脏器的一端,再用无菌剪刀剪下一小块,将其切面在载玻片上轻轻涂抹一薄层即可。如果病料是液体材料,如尿液、菌液等可用灭菌接种环蘸取少量材料,在载玻片中央涂成一均匀薄层。如果病料为菌落、粪便、脓汁等,需先用接种环蘸取生理盐水或者蒸馏水1滴于载玻片上,再用灭菌的接种环蘸取少量材料,在液体中使被检材料摊成一薄层。如果病料是血液,可摊成血片,即用另一边缘整齐的玻片,一端蘸血液少许,在载玻片上以45°角均匀地摊成一薄层血涂片。

②干燥 涂片一般应让其自然干燥,但有时因天冷标本不易干燥,可将标本面向上,小心地置于酒精灯火焰的外焰略烘干燥。

③固定 涂片固定的方法有2种:一种是用火焰固定,即将标本涂片面向上,在酒精灯火焰上较迅速地来回通过3～4次。另一种是化学固定法,常用的化学固定剂有甲醇、酒精、丙酮等。取化学固定剂滴于玻片涂面上,摊开晾干或者将玻片浸于固定剂的玻缸内,放置1分钟,取出晾干即可。

④染色 可以根据被检材料和检查目的不同,采用不同的染色方法。

⑤水洗　在染色过程中，水洗可以冲去多余的染色液及媒染剂或脱色剂等，便于镜检。水洗应采用缓慢流水冲洗，水流不能直接冲击标本，待冲下来的水呈无色时为止。

⑥干燥　涂片经水洗后，可以直立玻片晾干或者把涂片夹在两层滤纸之间，轻轻吸干水分，不能重压，以免把标本片压碎。

⑦镜检　镜检时先用低倍镜找到染色良好的部位，再用油浸镜仔细检查，注意细菌的染色特性和形态特征，特别要注意辨认细菌的特殊形态及构造，不要把组织细胞或杂质误认为细菌而发生误诊。

(2)支气管败血波氏杆菌涂片染色　用棉拭子采取病猪鼻腔、气管内的黏性分泌物涂片，革兰氏染色镜检，支气管败血波氏杆菌镜下可见革兰氏染色阴性小球杆菌，碱性美蓝染色见有两极着色的小杆菌。有周身鞭毛，能运动，有的有荚膜，不形成芽胞。

(3)多杀性巴氏杆菌涂片染色　用棉拭子采取病猪鼻腔、气管内的黏性分泌物涂片，直接用瑞氏染色液染色，镜检，经甲醇固定后用美蓝染色，镜检，经甲醇固定后革兰氏染色，镜检，镜下可见革兰氏阴性细小的球杆状菌，呈明显的两极浓染，并可看到两极之间两侧的连线。散在或者成对排列，没有鞭毛，不形成芽胞。在新鲜病料中的巴氏杆菌常带有荚膜，慢性病例及腐败的病例镜检常见不到典型的菌体。

**(二)病原菌的分离培养**

初次分离时，鼻腔中存在的其他常在菌常常会掩饰支气管败血波氏杆菌和多杀性巴氏杆菌，使得分离培养工作十分困难，拭子保存在4℃～8℃的非营养性专用培养基和使用选择性培养基有利于初次分离。如果拭子在4小时内进行细菌分离培养，可以应用血红素呋喃唑酮改良麦康凯琼脂培养基、绵羊血改良鲍姜氏琼脂培养基、林可霉素、洁霉素血液马丁琼脂(NLHMA)培养基和三糖铁脲半固体高层培养基进行培养。

血红素呋喃唑酮改良麦康凯琼脂培养基或含100毫升/升脱纤维兔血，或羊血琼脂培养基有利于分离支气管败血波氏杆菌；新霉素、林可霉素血液马丁琼脂培养基或加有血清或血液的培养基利于分离多杀性巴氏杆菌，如果拭子在8℃运输24小时以上才能抵达实验室，应接种选择性培养基，也可以接种小鼠来提高多杀性巴氏杆菌的分离率。在利用病料完成本实验时，需用感染巴氏杆菌死亡的实验动物进行同步实验，以保证实验结果的准确。

**1. 培养基的制备**

(1)血红素呋喃唑酮改良麦康凯琼脂培养基配制方法

①成分

——基础琼脂(改良麦康凯琼脂)

| | |
|---|---|
| 蛋白胨 | 2% |
| 氯化钠(NaCl) | 0.5% |
| 琼脂粉 | 1.2% |
| 葡萄糖 | 1.0% |
| 乳糖 | 1.0% |
| 三号胆盐(oxoid) | 0.15% |
| 中性红 | 0.003%(1%水溶液3毫升/升) |
| 蒸馏水 | 加至1 000毫升 |

加热溶化，分装。110℃(70千帕)20分钟灭菌，pH值为7～7.2。培养基呈淡红色。贮存于室温或4℃冰箱备用。

——添加物

| | |
|---|---|
| 1%呋喃唑酮二甲基甲酰胺溶液 | 0.05 毫升/100 毫升（呋喃唑酮最后浓度为 5 微克/毫升） |
| 10%牛或绵羊红血球裂解液 | 1 毫升(最后浓度为 1∶1 000) |

4℃冰箱保存备用。呋喃唑酮二甲基甲酰胺溶液临用时加热溶解。

②配制方法　基础琼脂水浴加热充分溶化，凉至 55℃～60℃，加入呋喃唑酮二甲基甲酰胺溶液及红细胞裂解液，立即充分摇匀，倒入平皿，每个平皿 20 毫升(平皿直径 90 毫米)。干燥后使用，或贮存于 4℃冰箱中 1 周内使用。防霉生长可以加入两性霉素 B 10 微克/毫升或放线酮 30～50 微克/毫升。对污染比较重的鼻腔拭子，可以再加入壮观霉素 5～10 微克/毫升 (活性成分)。

③用途　用于鼻腔黏液分离支气管败血波氏杆菌。

(2)新霉素、林可霉素血液马丁琼脂培养基配制方法

①成分

| | |
|---|---|
| 马丁琼脂 | pH 值 7.2～7.4 |
| 脱纤牛血 | 0.2% |
| 硫酸新霉素 | 2 微克/毫升 |
| 林可霉素(盐酸洁霉素) | 1 微克/毫升 |

②配制方法　马丁琼脂水浴加热充分溶化，凉至约 55℃加入脱纤牛血、新霉素及林可霉素，立即充分摇匀，倒入平皿，每个平皿 15～20 毫升(平皿直径 90 毫米)。干燥后使用，或保存于 4℃冰箱中 1 周内使用。

③用途　用于鼻腔黏液分离多杀性巴氏杆菌。

(3)三糖铁脲半固体高层培养基配制方法

①成分

| | |
|---|---|
| 多型蛋白胨 | 1.0% |
| 牛肉膏 | 0.5% |
| 氯化钠 | 0.3% |
| 磷酸二氢钾 | 0.1% |
| 琼脂粉 | 0.3% |
| 硫代硫酸钠 | 0.03% |
| 硫酸亚铁铵 | 0.03% |
| 混合指示剂 | 5毫升 |
| 葡萄糖 | 0.1% |
| 乳糖 | 1.0% |
| 尿素 | 2.0% |
| 0.5%酸性品红水溶液 | 2.0毫升 |

注:混合指示剂配制:0.2%溴百里酚蓝(BTB)水溶液[先将0.2克溴百里酚蓝溶于50毫升酒精,再加入50毫升蒸馏水)2毫升;0.2%百里酚蓝(TB)水溶液[先将0.4克百里酚蓝溶于17.2毫升0.05摩/升氢氧化钠(NaOH)中,然后加入100毫升蒸馏水,再加水稀释1倍]1毫升。

②配制方法　将前7种成分充分溶解于蒸馏水后,修正pH值为6.9。再加入混合指示剂,葡萄糖、乳糖及尿素,充分溶解。每支小试管分装2～2.5毫升,流通蒸汽灭菌100分钟,冷却放成半斜面,无菌检验,于4℃冰箱中保存备用。

③用途　用于筛检鼻腔黏液分离平板上的可疑多杀性巴氏杆菌菌落。

(4)绵羊血改良鲍姜氏琼脂培养基的配制方法

①成分

——基础琼脂(改良鲍姜氏琼脂)

——马铃薯浸出液

白皮马铃薯(去芽,去皮,切长条)500 克

甘油蒸馏水(热蒸馏水 1 000 毫升,甘油 40 毫升,甘油最后浓度 1%)

将洗净去水的马铃薯条加入甘油蒸馏水中,119℃～120℃(103 千帕)加热 30 分钟,不要振荡,倾出上清液使用。

——琼脂液

| | |
|---|---|
| 氯化钠 | 16.8 克(最后浓度 0.6%) |
| 蛋白胨 | 14 克(最后浓度 0.5%) |
| 琼脂粉 | 33.6 克(最后浓度 1.2%) |
| 蒸馏水 | 加至 2 100 毫升 |

119℃～120℃(103 千帕)加热溶解 30 分钟,加入马铃薯浸出液的上清液 700 毫升(即两液的比例为 75%及 25%)。混合,继续加热溶化,用 4 层纱布滤过后,分装,116℃ 30 分钟。不调 pH 值,高压灭菌后 pH 值一般为 6.4～6.7,贮存于 4℃冰箱中或者室温下备用。备作斜面的基础琼脂加蛋白胨,备作平板的不加蛋白胨。

——脱纤绵羊血

无菌新采取的脱纤绵羊血,支气管败血波氏杆菌 K 和 O 凝集价均小于 1∶10,按 10%浓度加入基础琼脂中。

②配制方法　基础琼脂溶化后凉至约 55℃,加入脱纤绵羊血,立即充分混合,注意不要起泡沫,制斜面管或者倒入平皿,每皿 20 毫升(直径 90 毫米平皿),放于 4℃冰箱中约 1 周后使用为佳。

③用途　用于支气管败血杆菌的纯菌培养及菌相鉴定。

**2. 分离平板中目的菌落的计数分级**　分离培养后要对病原菌进行计数分级：

(1)"－"目的菌落阴性。

(2)"＋"目的菌落1～10个。

(3)"＋＋"目的菌落11～50个。

(4)"＋＋＋"目的菌落51～100个。

(5)"＋＋＋＋"目的菌落100个以上。

(6)"∞"目的菌落密集成片不能计数。

(7)"×"非目的菌(如大肠杆菌、绿脓杆菌、变形杆菌等)生长成片，覆盖平板，不能判定有无目的菌落。

**3. 分离培养和纯培养**　所有病料都直接涂抹在已干燥的分离平板上。分离支气管败血波氏杆菌使用血红素呋喃唑酮改良麦康凯琼脂平板，分离多杀性巴氏杆菌使用新霉素林可霉素血液马丁琼脂平板。应尽量将棉拭子的全部分泌物浓厚涂抹于平板表面，将组织块的各断面同样浓厚涂抹。不同种分离平板不能混涂同一拭子(因抑菌剂不同)。对伴有肠道感染(腹泻)的或者环境严重污染的猪群，每份鼻腔病料可以用一个平板做浓厚涂抹，另一个平板做划线接种，即先将棉拭子病料在平板的一角做浓厚涂抹，然后以铂圈做划线稀释接种。重要的检疫，如种猪检疫，对每份鼻腔病料应涂抹每种分离平板2个。将培养基平板置37℃培养后观察其生长特性，钩取典型菌落涂片、镜检后确诊，对可疑菌落应进行纯培养，对纯培养物再进行菌落观察、运动性及生化特性等鉴定。

(1)支气管败血波氏杆菌的分离培养　①将接种的血红素呋喃唑酮改良麦康凯琼脂培养基平板于37℃培养40～72小时，猪支气管败血波氏杆菌菌落不变红，直径为1～2毫米，菌落圆整、光滑、隆起、透明，略呈茶色，较大的菌落中心较厚呈茶黄色，对光观察呈浅蓝色，培养物有特殊腐霉气味。如果菌落小，可以移植增菌后再进行检查。如果平板上有大肠杆菌类细菌（变红色、粉红色或不变红）或者绿脓杆菌类细菌（产生或不产生绿色素但不变红）覆盖，应将冰箱保存的棉拭子再进行较稀的涂抹或者划线培养检查，或重新采取鼻汁培养检查。②用支气管败血波氏杆菌 O-K 抗血清做活菌平板凝集反应呈迅速的典型凝集。有些样品菌落黏稠或干韧，在玻片上不能做成均匀菌液，须移植一代才能正常进行活菌平板凝集试验。未发现典型菌落时，对所有可疑菌落，均需做活菌平板凝集试验，以防遗漏。

（2）多杀性巴氏杆菌的分离培养　将接种的新霉素林可霉素血液马丁琼脂培养基平板于 37℃ 培养 18～24 小时，根据菌落形态和荧光结构，挑取可疑菌落移植鉴定。多杀性巴氏杆菌菌落直径为 1～2 毫米，圆整、光滑、隆起、透明，菌落或呈黏液状融合，对光观察有明显的荧光，以 45°角有折射光线于暗室内在实体显微镜下扩大约 10 倍观察，呈特征的橘红色或灰红色光泽，结构均质，即 Fo 荧光型或者 Fo 类似菌落。间有变异型菌落，光泽变浅或者无光泽，有粗纹或结构发粗，或夹有浅色分化扇状区等。

如果棉拭子在 8℃ 以下运输 24 小时以上才抵达实验室接种选择性培养基，可接种小鼠来提高多杀性巴氏杆菌的分离率。

**（三）分离物的特性鉴定**

通过相应的细菌镜检和生化反应，可以鉴定支气管败血波氏杆菌和多杀性巴氏杆菌。

**1. 猪支气管败血波氏杆菌分离物的特性鉴定**

(1)一般特性鉴定　支气管败血波氏杆菌为革兰氏阴性细小球杆菌，氧化和发酵试验阴性，即非氧化非发酵的严格需氧菌，能在麦康凯培养基上生长。具有以下生化特性(一般37℃培养3～5天记录最后结果)：①糖管。包括乳糖、葡萄糖、蔗糖在内的所有糖类不氧化不发酵(不产酸、不产气)，迅速分解蛋白胨，明显产碱，液面有厚菌膜。②吲哚试验阴性。③不产生硫化氢或者轻微产生。④甲基红试验及维培试验均阴性。⑤还原硝酸盐。⑥分解尿素及利用枸橼酸，均呈明显的阳性反应。⑦不液化明胶。⑧石蕊牛乳产碱不消化、谷氨酸脱羧酶阳性。⑨具有周身鞭毛，有运动性，在半固体平板表面呈明显的膜状扩散生长，扩散膜边沿比较光滑；但0.05%～0.1%琼脂半固体高层穿刺37℃培养，只在表面或者表层生长，不呈扩散生长。⑩支气管败血波氏杆菌有抵抗呋喃妥因(最小抑菌浓度大于200微克/毫升)的特性，用滤纸法(300微克纸片)观察抑菌圈的有无，可以鉴别支气管败血波氏杆菌与其他革兰氏阴性球杆菌。

(2)菌相鉴定　将分离平板上的典型单个菌落划种于绵羊血改良鲍姜氏琼脂培养基上，放置于37℃潮湿温箱中培养40～45小时后，按下列要求分相：①Ⅰ相菌：菌落小，光滑，乳白色，不透明，边沿整齐，隆起呈半圆形或者珠状，钩取时质地致密柔软，容易制成均匀菌液，菌落周围有明显的溶血环，菌体呈整齐的革兰氏阴性球杆状或球状；活菌玻片凝集定相试验，对K抗血清呈迅速的典型凝集，对O抗血清完全不凝集。Ⅰ相菌感染病例在平板上，应不出现中间相和Ⅲ相菌落。②Ⅲ相菌：比Ⅰ相菌落大数倍，光滑，呈灰白色，透明度大，扁平，质地较稀软，不溶血；活菌玻片凝集定相试验，对K抗血清完全不凝集，对 O 抗血清呈明显凝集。③中间相菌：形态在Ⅰ相菌及Ⅲ相菌之间，对 K 抗血清及 O 抗血清都凝集。中间相菌及Ⅲ相菌的形态以杆状为主。

**2. 多杀性巴氏杆菌分离物的特性鉴定**

(1)一般特性鉴定　①产毒性多杀性巴氏杆菌为革兰氏阴性小杆菌，呈两极染色，不溶血，无鞭毛，无运动性。具有以下生化特性：糖管。对蔗糖、葡萄糖、木糖、甘露醇及果糖产酸，对乳糖、麦芽糖、阿拉伯糖及水杨苷不产酸；甲基红试验及维培试验、尿素酶、枸橼酸盐利用、明胶液化、石蕊牛乳试验均为阴性；不产生硫化氢；硝酸还原及吲哚试验均为阳性。②对分离平板上的可疑菌落，也可以先根据三糖铁脲半固体高层小管穿刺生长特点进行筛检：将单个菌落用接种针由斜面中心直插入底层，轻轻由原位抽出，再在斜面上轻轻涂抹，37℃斜放培养 18 小时。多杀性巴氏杆菌生长特点：沿穿刺线呈不扩散生长，高层变橘黄色；斜面呈薄苔生长，变橘红色或橘红黄色；凝结水变成橘红色，轻浊生长，无菌膜；不产气、不变黑。

(2)皮肤坏死毒素产生能力检查　鉴定为多杀性巴氏杆菌时，同时还需要进一步鉴定是否为产毒性菌株。产毒性多杀性巴氏杆菌和非产毒性多杀性巴氏杆菌在形态特征和生化反应特性上没有区别，因此不能由菌落形态和标准的生化反应来加以区别，常需要依据毒素的生物学活性运用其他方法进行检测。①豚鼠皮肤坏死试验：1980 年首次报道用豚鼠皮肤坏死试验来区分产毒性多杀性巴氏杆菌和非产毒性多杀性巴氏杆菌。1984 年报道使用 TSB 培养待检菌株，滤液皮下注射剃毛的豚鼠，连续观察 72 小时并致死豚鼠，检查皮肤发炎和坏死程度，出现直径为 1～2 厘米坏死面的判为弱阳性，4～5 厘米或者更大直径坏死面的判为阳性。以后相继有使用马丁肉汤培养基、心脑浸液培养基或者加有5%鸡血清的BHI培养细菌作为接种物进行豚鼠皮肤坏死试验的报道。②皮肤坏死毒素产生能力检查：用体重350～400克健康豚鼠，背部两侧注射部剪毛（注意不要损伤皮肤），使用1毫升注射器及4～6号针头，用分离株马丁肉汤培养物（37℃ 36小时或者36～72小时）皮内注射0.1毫升。注射点距离背中线1.5厘米，各注射点相距2厘米以上。设阳性及阴性参考菌株和同批马丁肉汤注射点为对照，并在大腿内侧肌内注射硫酸庆大霉素4万单位（1毫升）。注射后分别于24小时、48小时及72小时观察并测量注射点皮肤红肿及坏死区的大小：坏死区直径1厘米左右的为皮肤坏死毒素产生（DNT）阳性，结果记为"DNT＋"；坏死区直径小于0.5厘米的为可疑，结果记为"DNT±"；无反应或者仅有红肿反应的为阴性，结果记为"DNT－"。可疑结果须进行重复试验。③小鼠致死试验：利用小鼠致死试验检测毒素的活性，Rutter和Pijoan先后做过报道。5%马血琼脂平板培养细菌24小时后，用PBS洗下菌苔制成细菌悬液，冰浴超声波裂解，悬液过滤后腹腔注射老鼠，72小时死亡者即为皮肤坏死毒素阳性，部分死亡者为可疑，需做重复试验。细胞毒性检测：1984年Rutter根据肉汤培养上清对胎牛肺细胞毒性来区别产毒性多杀性巴氏杆菌和非产毒性多杀性巴氏杆菌。将多杀性巴氏杆菌在心脑浸液肉汤中37℃培养24小时，然后离心上清部分过滤除菌，在微量板胎牛肺细胞上进行毒力测定，在长成单层的细胞悬液中加入毒素稀释液，密封37℃培养2～3天后，细胞经固定、用结晶紫染色，干燥后进行镜检观察细胞病变。

（3）荚膜型简易鉴定方法

①透明质酸产生试验（改良Carter氏法） 利用透明质

酸酶能消化A型荚膜，不能消化D型荚膜，从而抑制荚膜A型多杀性巴氏杆菌生长的原理，鉴定荚膜A型及荚膜D型多杀性巴氏杆菌。具体方法是在0.2%脱纤牛血马丁琼脂平板上，用直径2毫米的铂圈于琼脂平板中线处均匀横划1条已知产生透明质酸酶的金黄色葡萄球菌(ATCC 25923)或者等效的链球菌新鲜血斜面培养物，将每株多杀性巴氏杆菌分离物的血斜面过夜培养物，与该线呈直角的线两侧，各均匀划种一条同样宽的直线，并设荚膜A型及荚膜D型多杀性巴氏杆菌参考株作对照，37℃培养20小时可见：荚膜A型株临接金黄色葡萄球菌菌苔应产生生长抑制区，此段菌苔明显薄于远端未抑制区，荧光消失，长度可达1厘米，远端菌苔生长丰厚，特征荧光型(Fo型)不变，两段差别明显；荚膜D型株则不产生生长抑制区，Fo型荧光不变。

②吖啶黄试验(改良Carter氏法)　用分离株的0.2%脱纤牛血马丁琼脂18～24小时培养物，括取菌苔，均匀悬浮于pH值7(0.01摩/升)的磷酸盐缓冲生理盐水中。取0.5毫升细菌悬液加入小试管中，与等容量的0.1%中性吖啶黄蒸馏水溶液振摇混合，室温静置。荚膜D型菌可以在5分钟后自凝，出现大块絮状物，30分钟后絮状物下沉，上清液透明。其他型菌不出现或者仅出现细小的颗粒沉淀，上清液浑浊。

个别荚膜A型分离物不产生明显多量的透明质酸，透明质酸产生试验及吖啶黄试验时判定为荚膜D型，间接血凝试验(Sawada氏法)则判定为荚膜A型。

**(四)小动物感染试验**

**1. 支气管败血波氏杆菌**　①用灭菌生理盐水25～50毫升，多次冲洗病猪鼻腔，将洗下液接种4～7日龄仔猪2头，每头鼻腔滴入10滴，接种后7～8周迫杀，鼻腔产生病变。对照猪无病变，即可确诊。②取支气管败血波氏杆菌分离培养物0.5毫升腹腔接种豚鼠，如果为本菌可于24～48小时内发生腹膜炎而致死。剖检见腹膜出血，肝脏、脾脏和部分大肠有黏性渗出物并形成假膜。如果培养物感染3～5日龄健康猪，经1个月临床观察，再经病理学和病原学检查结果最为可靠。

**2. 多杀性巴氏杆菌**

(1)取多杀性巴氏杆菌分离培养物（或被检病料，须研磨成糊） 用生理盐水制成1∶10菌液或乳剂，或者用多杀性巴氏杆菌的培养液。

(2)实验动物 猪、牛、羊病料可以用小鼠或家兔，家禽的病料可以用鸽子、鸡或小鼠。接种剂量为0.2～0.5毫升。

取上述菌液皮下接种于2～4只小白鼠或者接种于腹腔内，每只0.2毫升，如果为多杀性巴氏杆菌小白鼠可于24～48小时死亡。置解剖盘内剖检观察其败血症变化：死亡的小白鼠呼吸道及消化道黏膜有出血小点，脾脏常不大，肝脏常充血及有坏死病变。同时取心血、脾组织及肝脏做涂片标本，分别进行美蓝染色或瑞氏染色、革兰氏染色，镜检可以见到大量两极浓染的卵圆形的多杀性巴氏杆菌，革兰氏染色阴性，即可做出判断。

## 七、免疫学诊断

虽然细菌培养是检测猪传染性萎缩性鼻炎最传统、最基础的方法，但是由于鼻腔棉拭子中含有许多的其他杂菌、成年猪群的隐性感染及现场常使用抗生素保健等诸多不利因素，致使病原菌的分离和鉴定存在较大的困难，检出率偏低，而且检测支气管败血波氏杆菌菌相和产毒性多杀性巴氏杆菌毒素时，还需要进一步采用动物试验等其他实验方法才能定性，再加上试验操作烦琐，专业技术要求高，因此在临床运用时具有一定的局限性。自从1959年免疫学方法出现以后，免疫学技术得到迅速发展，并广泛应用于各个学科领域。基于病原菌毒素的免疫原性，相继出现诊断传染性萎缩性鼻炎的抗原抗体反应检测方法。为此，采用血清学试验检测猪群感染抗体是一种简便易行的办法，但是在猪体内有可能感染其他不诱发传染性萎缩性鼻炎的同型细菌，在实际应用中可能会产生相同的抗体反应，检测时应引起注意。

**(一)支气管败血波氏杆菌K凝集抗体检查**

本试验是使用支气管败血波氏杆菌Ⅰ相菌甲醛死菌抗原，进行试管或者平板凝集反应，检测感染猪血清中的特异性K凝集抗体。其中平板凝集反应适用于对猪传染性萎缩性鼻炎进行大批量筛选试验，试管凝集反应作为定性试验。

**1. 试管凝集试验**

(1)试验试剂　支气管败血波氏杆菌Ⅰ相菌甲醛死菌抗原(按说明书要求使用)、标准阳性血清和阴性对照血清(按说明书要求使用)、被检血清(血清必须新鲜，无明显蛋白凝固，无溶血现象和无腐败气味)、稀释液(pH值7的0.01摩/升磷酸盐缓冲盐水)。

(2)试验器材　口径8～10毫米的小试管若干、0.5～1毫升的吸管若干、试管架若干。

(3)稀释液配方

磷酸氢二钠($Na_2HPO_4 \cdot 10H_2O$)　2.4克[或磷酸氢二钠($Na_2HPO_4$)1.2克]

氯化钠(NaCl)　6.8克

磷酸二氢钾($KH_2PO_4$)　0.7克

蒸馏水　1 000毫升

加温溶解，2层滤纸滤过，分装，高压蒸汽灭菌。

(4)操作方法　①将被检血清和阴性对照血清、阳性对照血清同时置56℃水浴箱中灭活30分钟。②被检血清的倍比稀释：每份血清用一列小试管，第一管加入缓冲盐水0.8毫升，以后各管均加入0.5毫升，加被检血清0.2毫升于第一管中。换另一支吸管，将第一管稀释血清充分混匀，吸取0.5毫升加入第二管，如此用同一吸管稀释，直至最后1管，取出0.5毫升弃去。每管有稀释血清0.5毫升。一般稀释至1∶80，大批检疫时可以稀释至1∶40，阳性对照血清稀释至1∶160～320，阴性对照血清至少稀释至1∶10。③向上述各管内添加工作抗原0.5毫升，振荡，使血清和抗原充分混匀。④将试管放入37℃温箱18～20小时，然后取出在室温静置2小时，记录每管的反应。⑤每批试验均应设有阴性血清对照、阳性血清对照和抗原缓冲盐水对照(抗原加缓冲盐水0.5毫升)。

(5)结果判定

①"＋＋＋＋"　表示100％菌体被凝集。液体完全透明，管底覆盖明显的伞状凝集沉淀物。

②"＋＋＋"　表示75％菌体被凝集。液体略呈浑浊，管底伞状凝集沉淀物明显。

③"＋＋"　表示50％菌体被凝集。液体呈中等程度浑浊，管底有中等量伞状凝集沉淀物。

④"＋"　表示25％菌体被凝集。液体不透明或透明度不明显，有不太显著的伞状凝集沉淀物。

⑤"－"　表示菌体无凝集。液体不透明，无任何凝集沉淀物。细菌可能沉于管底，但呈光滑圆坨状，振荡时呈均匀浑浊。

⑥判定标准 当抗原缓冲盐水对照管、阴性血清对照管均呈阴性反应，阳性血清对照管反应达到原有滴度时，被检血清稀释度≥10 出现“++”以上，即可判定为猪支气管败血波氏杆菌阳性反应(表 5-5)。

**表 5-5 试管凝集试验术式**

<table>
<tr><td rowspan="2">试管号</td><td colspan="4">被检血清</td><td colspan="3">对照</td></tr>
<tr><td>1管</td><td>2管</td><td>3管</td><td>4管</td><td>阳性血清对照</td><td>阴性血清对照</td><td>空白对照</td></tr>
<tr><td>PBS液(毫升)</td><td>0.8</td><td>0.5</td><td>0.5</td><td>0.5</td><td>—</td><td>—</td><td>0.5</td></tr>
<tr><td>被检血清(毫升)</td><td>0.2</td><td>0.5</td><td>0.5</td><td>0.5(弃去0.5)</td><td>0.5</td><td>0.5</td><td>—</td></tr>
<tr><td>抗原(毫升)</td><td>0.5</td><td>0.5</td><td>0.5</td><td>0.5</td><td>0.5</td><td>0.5</td><td>0.5</td></tr>
<tr><td colspan="8">振荡使血清和抗原充分混匀，放 37℃温箱 18～20 小时，然后取出在室温静置 2 小时</td></tr>
</table>

<table>
<tr><td>血清终末稀释倍数</td><td>10</td><td>20</td><td>40</td><td>80</td><td>160</td><td>320</td><td>640</td></tr>
<tr><td rowspan="2">判定结果</td><td>++++</td><td>++++</td><td>+++</td><td>++</td><td>++</td><td>—</td><td>—</td></tr>
<tr><td colspan="7">K 凝集价 1∶80</td></tr>
</table>

**2. 平板凝集试验**

(1)试验试剂 支气管败血波氏杆菌Ⅰ相菌甲醛死菌抗原(按说明书要求使用)、标准阳性血清和阴性对照血清(按说明书要求使用)、被检血清(血清必须新鲜，无明显蛋白凝固，无溶血现象和无腐败气味)、稀释液(pH 值 7 的 0.01 摩/升磷酸盐缓冲盐水,同试管凝集试验)。

(2)试验器材　清洁的玻璃板或玻璃平皿若干、玻璃笔、1毫升吸管若干、铂圈。

(3)操作方法　①被检血清和阴性对照血清、阳性对照血清均不稀释,可以不加热灭活。②于清洁的玻璃板或玻璃平皿上,用玻璃笔画成约 2 平方厘米的小方格。以 1 毫升吸管在格内加 1 小滴血清(约 0.03 毫升),再充分混合 1 铂圈(直径 8 毫米)抗原原液,轻轻摇动玻璃板或玻璃平皿,于室温(20℃～25℃)放置 2 分钟,室温在 20℃以下时,适当延长至 5 分钟。③每次平板试验均应设有阴性血清对照、阳性血清对照和抗原缓冲盐水对照。

(4)结果判定

①"＋＋＋＋"　表示 100％菌体被凝集。抗原和血清混合后 2 分钟内液滴中出现大凝集块或颗粒状凝集物,液体完全清亮。

②"＋＋＋"　表示约 75％菌体被凝集。在 2 分钟内液滴有明显凝集块,液体几乎完全透明。

③"＋＋"　表示约 50％菌体被凝集。液滴中有少量可见的颗粒状凝集物,出现较迟缓,液体不透明。

④"＋"　表示约 25％菌体以下被凝集。液滴中有很少量仅仅可以看出的粒状物,出现迟缓,液体浑浊。

⑤"－"　表示菌体无任何凝集。液滴均匀浑浊。

⑥判定标准　当阳性血清对照呈"＋＋＋＋"反应,阴性血清和抗原缓冲盐水对照呈"－"反应时,被检血清加抗原出现"＋＋＋"至"＋＋＋＋"反应,判定为猪支气管败血波氏杆菌阳性反应血清。"＋＋"反应判定为疑似,"＋"至"－"反应判定为阴性。

**(二)乳胶凝集试验**

乳胶凝集试验是一种快速诊断技术。猪感染支气管败血波氏杆菌后2～4周血清中即出现凝集抗体,国外于1978年对该法就有报道。吴斌等采用乳胶凝集试验对猪传染性萎缩性鼻炎进行了血清流行病学调查,以支气管败血波氏杆菌的Ⅰ相菌致敏空白乳胶建立的乳胶凝集试验,检测大量的猪血清样本,与同时建立的试管凝集试验同步进行抗体检测,阳性检出率高于试管凝集反应,此法检测猪传染性萎缩性鼻炎的抗体,结果可靠,操作简单,现已制成试剂盒并应用于实验室临床检测中。

**(三)间接血凝检测多杀性巴氏杆菌荚膜抗原**

**1. 材料与试剂** ①绵羊红细胞。②标准多杀性巴氏杆菌荚膜菌种A、B、D、E。③待测荚膜群的多杀性巴氏杆菌。④戊二醛(G.R.)。⑤pH值7.2的PBS液。⑥阿氏液[葡萄糖2.05克,柠檬酸钠($5H_2O$)0.80克,柠檬酸($H_2O$)0.05克,氯化钠0.42克,水加至100毫升,混合过滤,55千帕112.6℃15分钟灭菌备用]。

**2. 操作方法**

(1)多杀性巴氏杆菌荚膜抗原的制备 在血清裂解血琼脂平板上筛选待测的多杀性巴氏杆菌荧光性典型的菌落(荧光性弱的可通过小白鼠或本动物复壮),接种于血清裂解血琼脂斜面或改良马丁汤琼脂斜面,每株接2管,于37℃培养16小时左右,达融合生长后,用2毫升生理盐水(每管1毫升)洗下,收集于小试管中,于56℃水浴30分钟,然后以8000转/分离心30分钟,取上清液即可。

(2)红细胞醛化 无菌采取绵羊血,以阿氏液保存或以玻璃珠脱纤,用生理盐水将红细胞洗涤3次,以pH值7.2 PBS

液配制成5%的悬液(以全血量为50%红细胞计算),另将戊二醛以pH值7.2 PBS液稀释成2.5%的溶液。

取5%红细胞100毫升,2.5%戊二醛溶液毫升,混合后用磁力搅拌器室温搅拌1小时,用生理盐水洗涤4次,再用pH值7.2 PBS液配制成50%的醛化红细胞悬液(即加至原血量的体积),加1/万硫柳汞溶液防腐,分装小瓶,置4℃保存备用。

(3)红细胞致敏 2毫升荚膜抗原加入50%醛化红细胞悬液0.2毫升,充分混匀,37℃作用2小时,中间轻轻振荡数次,离心去上清,再用生理盐水洗涤1次,最后加入10毫升生理盐水,混匀,即为1%的致敏红细胞液。

(4)荚膜高免血清的制备和处理 选Cartor A、B、D、E标准菌株分别接种于马丁琼脂斜面,37℃培养10~18小时,以灭菌生理盐水洗下,加福尔马林处理,使其达0.3%醛化菌液浓度为200亿~300亿个/毫升的悬液。选1岁左右的健康绵羊作为制备荚膜高免血清用的动物。第一次皮下注射加有氢氧化铝佐剂的死菌抗原2毫升,2~3周后开始用不加佐剂的死菌悬液,每周注射2次,剂量为1毫升,1毫升,2毫升,2毫升,3毫升,3毫升……10毫升,最后放血,常规收获血清,即为荚膜定型用高免血清。

取A、B、D、E标准荚膜高免血清2毫升,置56℃灭活30分钟,加入50%醛化红细胞0.4毫升,37℃作用2小时,离心去红细胞即可。各成分加毕后,充分摇匀,置室温中2~3小时观察结果。

**3. 结果判定**

(1)"+++" 凝集的红细胞铺得较宽,或卷边或有缺口。

(2)“++” 凝集的红细胞平铺管底，呈沙撒布。分布不均匀，边缘不整齐。

(3)“+” 凝集的红细胞面积较小，凝集程度轻微。

(4)“—” 红细胞形成小而光滑的圆点或有空心。

(5)判定标准 以“++”为样品的滴度终点。

**(四)夹心 ELISA 试验**

Forged 等(1998)最先使用单克隆抗体检测初代分离培养基中细菌混合物所产生的毒素，以 2 种不同的鼠抗多杀性巴氏杆菌毒素单克隆抗体 P3F51 和 P3F37 为基础建立的夹心 ELISA 检测 615 株分离菌，产毒性多杀性巴氏杆菌和非产毒性多杀性巴氏杆菌可以得到很好的区分，结果与 EBL 细胞实验完全符合。抗 DNT 特异性的阳性单抗通过免疫印迹筛选得到，其中 P3F51 作为捕获抗体，而生物素标记的 P3F37 作为检测抗体建立夹心 ELISA，可以检测 50 微升样本中的最少 50 皮克的毒素。随后，Bowersock，Weber 和 Matschullat 等先后报道使用夹心 ELISA 方法检测鼻拭子和扁桃体拭子中的产毒性多杀性巴氏杆菌中的毒素。Maryline 等对外毒素检测方法做过比较，与豚鼠皮肤试验、Vero 细胞致病变作用相比较，夹心 ELISA 可快速分析大量样品，对大群活猪的流行病学调查十分有用。

Levonen 等(1996)通过检测母猪初乳中的抗体水平来判定产毒性多杀性巴氏杆菌的存在与否，ELISA 检测为阳性的猪只，通过分离细菌鉴定来进一步确定。Finco-Kent 等(2001)发展起一种非竞争终点试验方法来检测 D 型产毒性多杀性巴氏杆菌抗毒素抗体水平，结果与小鼠致死试验检测抗体水平有很好的一致性。

另外，鲁承报道制备微量凝集反应诊断抗原建立了猪传染性萎缩性鼻炎微量凝集反应。此外，还可以用荧光抗体技术进行诊断，但自然感染后需经3个月以上才能检出抗体，此种检测仅对母猪有重要意义，对其余猪只意义不大，至多是对猪场支气管败血波氏杆菌存在进行回顾性诊断。

目前，已有商品化 DAKO PMT-ELISA-Kit(K0009)和DAKO ELISA-Kit(K0038)分别用于检测毒素和血清及初乳中抗毒素抗体，可用于区分带菌猪及预防传播，与细胞培养法相比，此试验重复性好，敏感性高，不易产生假阳性。Weber A 等(1993)临床使用试剂盒检测产毒性多杀性巴氏杆菌毒素，效果良好。

## 八、X线摄片检查

X线摄片检查对1月龄左右的重症病例，有一定的诊断价值，这种方法已经在一些国家广泛应用。摄片前尽量除去被检部位的污物，摄片时将胶片装入带有增感屏的片夹内，用铅号码统一编排X线号、年、月、日、左右等标志，放置于片夹的一侧。摄片时胶片贴在病猪的硬腭，X线从鼻背向鼻腔投照，片上即可显示黏膜和鼻甲骨的变化。

但在解释X线照片时，遇到许多困难和问题，因为这种方法不能检测出带菌猪，也不能可靠地检测出轻微的病变病例；而且检查前必须将猪进行镇静、麻醉或做机械性保定，而且费时费钱。

## 九、分子生物学检测技术(PCR)

PCR技术由于操作简单、省时而被广泛应用于许多病原的快速鉴定与疾病诊断中。

### (一)检测产毒性多杀性巴氏杆菌的毒素基因

随着产毒性多杀性巴氏杆菌毒素的分子生物学研究,有关传染性萎缩性鼻炎的快速诊断变为现实,国外已经建立了几种比较成熟的 PCR 方法来鉴定产毒性多杀性巴氏杆菌。

**1. 产毒性多杀性巴氏杆菌的毒素基因(toxA)** Petersen 等发现了产毒性多杀性巴氏杆菌的毒素基因,并进行克隆和表达,所得产物与天然毒素性质基本一致,并观察到该毒素基因只存在于产毒菌株中。随后一些学者也进行了 toxA 的克隆和表达,得到的结果基本一样,同时也注意表达的毒素同样能引起萎缩性鼻炎,并且可以侵害实验室培养的细胞。Amigot J A 等曾将 PCR 方法检测的产毒性多杀性巴氏杆菌与 FLF 培养物细胞毒性检测、ELISA 试剂盒做过比较,结果发现 PCR 的敏感性较后两者要高。

**2. 用亚克隆的方法获得 5 个覆盖了全部 toxA 基因的 DNA 探针** Kamps 用来检测 DNA 片段。定位于基因不同区域的 5 个 DNA 探针与 96 株多杀性巴氏杆菌亚种和 22 株其他细菌进行杂交,以验证探针的特异性。结果表明,探针 1、3 特异性和准确性比较好,具有潜在的价值用于诊断,其他探针与大肠埃希菌、肺炎克雷伯菌等有交叉反应。这种方法可以用于检测不能进行细菌培养的样品。试验在原有研究基础上发现,toxA 基因仅存在于产毒性多杀性巴氏杆菌中有部分或是高度突变的 toxA 基因中。

**3. 用过氧化物标记的单克隆抗体在尼龙膜上进行菌落原位杂交** Magyar 等检测了 29 株来自不同地区、不同宿主和不同血清型的产毒性多杀性巴氏杆菌检测发现,不同血清型产毒性多杀性巴氏杆菌的毒素抗原性相似或者相同,与致病的波氏杆菌属细菌没有交叉反应,试验结果和对照小鼠致死试验结果完全符合，并且特异性好，可以用于检测初级培养物的菌落。这种方法不需要精密的仪器，样品准备简单，在临床样品的检测上具有潜在的应用价值。

**4. 用PCR方法检测产毒性和非产毒性多杀性巴氏杆菌** NagaitoxA序列上有约1.5kb的区域编码是主要的免疫学决定因子，试验中以此作为PCR的目标序列进行扩增。鼻拭子和扁桃体拭子经选择培养基培养后，获得进行可疑菌株基因组DNA后进行PCR，与当时已有的用于检测产毒性多杀性巴氏杆菌的豚鼠皮肤试验、免疫学方法相比较，符合率基本为100%。试验结果表明，只有产毒性多杀性巴氏杆菌才能扩增出预定的片段，非产毒性多杀性巴氏杆菌则没有此片段，而且A型和D型产毒性多杀性巴氏杆菌的扩增产物相同。因此，可以用PCR方法同时检测A型和D型产毒性多杀性巴氏杆菌，为根除传染性萎缩性鼻炎提供依据。

**5. 一种适合于大规模检测鼻拭子和扁桃体拭子中产毒性多杀性巴氏杆菌的敏感高效的PCR方法** Kamp E M等拭子中的细菌经硫氰酸胍裂解、核酸酶灭活后，加入硅藻土以提取DNA，利用2对引物扩增toxA中的2个特定片段，特异性大大提高。使用微孔滴板代替常规反应中的PCR管，以便用于大规模检测。此外，为了识别假阴性扩增，在每个DNA样品中加入一定量的阳性控制模板来排除假阴性结果。从已知感染有产毒性多杀性巴氏杆菌和已经确认为无产毒性多杀性巴氏杆菌的猪场收集的拭子进行试验，来评估PCR反应的敏感性和特异性。与ELISA和细菌分离鉴定方法比较，检测372株细菌，发现此方法快速，费用低廉，在获取拭子后24小时可获得结果。目前，这种方法被认为是用于大规模分析的最敏感和最有效的方法，已经有用这种方法来检测或者净化猪传染性萎缩性鼻炎的报道。

**6. 直接PCR方法检测产毒性多杀性巴氏杆菌** Lichtensteiger C A 等可以扩增 846 bp 的 toxA 基因片段。该方法不需要培养单个菌落,可以直接检测少于 100 个的细菌的鼻拭子样品。通过对 40 个分离株的检测,结果与菌落原位杂交、菌落免疫印迹分析法、ELISA 和细菌超声波裂解物致死小鼠试验具有一致性,反应中,模板来自于直接采集的拭子洗涤、离心后收集的细菌。比较于以前的方法,此法样品处理简单,更适合于小量的研究及检测。

唐先春等设计 2 条分别扩增多杀性巴氏杆菌的种属特异性引物 Kmt 和产毒性多杀性巴氏杆菌的毒素基因引物 toxA,建立双重 PCR 方法,同时检测并区分产毒性多杀性巴氏杆菌和非产毒性多杀性巴氏杆菌。表明其特异性高,敏感性达到 103 cfu 的细菌检出量,可以用于第一代培养物的检测,临床上得到较好应用。

**(二)检测支气管败血波氏杆菌的毒素基因**

PCR 方法虽然能够检测到存在,但是作为一种呼吸道的常在寄生菌,支气管败血波氏杆菌的存在并不一定代表猪群已经发生感染或者发病。

**1. 材料与方法**

(1)材料　①菌株来源:疑似支气管败血波氏杆菌分离菌,多杀性巴氏杆菌、金黄色葡萄球菌、大肠埃希氏菌、铜绿假单胞菌、变形杆菌和枯草芽胞杆菌(为贵州大学动物科学学院实验室冻干保存菌株)。②主要试剂:PCR 试剂、200 bp Marker、EB 为上海生工生物工程技术服务有限公司产品。

(2)方法　①引物设计:参照 Hozbor D 等报道,针对支气管败血波氏杆菌 FlaA 基因上游序列选择合成 1 对引物,即 Fla1:5′-TGGCGCCTGCCCTAT-3′和 Fla2:5′-AGGCTC-CCAAGAGAGAAAGGCTT-3′,其理论扩增幅度为 237 bp,由上海生工生物工程技术有限公司合成。②PCR 扩增:将分离菌分别接种到胰蛋白胨大豆琼脂平板上,37℃培养 24 小时,挑取单个菌落,放入 2 毫升离心管,加入 50 微升双蒸水,混匀后 100℃煮沸 10 分钟,冰块中冷却 10 分钟,4℃10 000 转/分离心 10 分钟,取上清液作为模板。PCR 反应体系为 30 微升[双蒸水 21.5、10×buffer 缓冲液(含 15 毫摩/升氯化镁] 3 微升、Taq DNA 聚合酶 1 微升、dNTP 0.5 微升、引物 Fla1 和 Fla2 各(10 微摩/升)1.5 微升、模板 1 微升。PCR 反应条件为:95℃5 分钟;94℃30 秒,56℃30 秒,72℃40 秒,35 个循环;最后 72℃10 分钟。取 PCR 产物 5 微升,于 20 克/升琼脂糖凝胶电泳,EB 染色,凝胶成像系统观察。③PCR 特异性与敏感性试验:按上述方法分别提取多杀性巴氏杆菌、金黄色葡萄球菌、大肠埃希氏菌、铜绿假单胞菌、奇异变形杆菌和枯草芽胞杆菌的 DNA 模板进行 PCR 反应,检测 PCR 特异性;支气管败血波氏杆菌菌株菌液 DNA 为模板经 10 倍连续稀释后,取各浓度进行 PCR 扩增,检测 PCR 的敏感度,同时按照常规方法进行细菌计数。

(3)结果　经 Fla1/Fla2 引物进行 PCR 反应,34 株分离菌均扩增出一条约为 240 bp 的特异 DNA 条带(图 5-1,图 5-2),与引物设计的预期片段大小一致。

PCR 特异性与敏感性试验结果:分别提取支气管败血波氏杆菌、多杀性巴氏杆菌、金黄色葡萄球菌、枯草芽胞杆菌、铜绿假单胞菌、变形杆菌和大肠埃希氏菌等猪鼻腔和肺组织中常见细菌的 DNA 样本进行 PCR,结果只有支气管败血波氏杆菌扩增出 1 条大小约为 240 bp 的特异 DNA 条带,其他菌

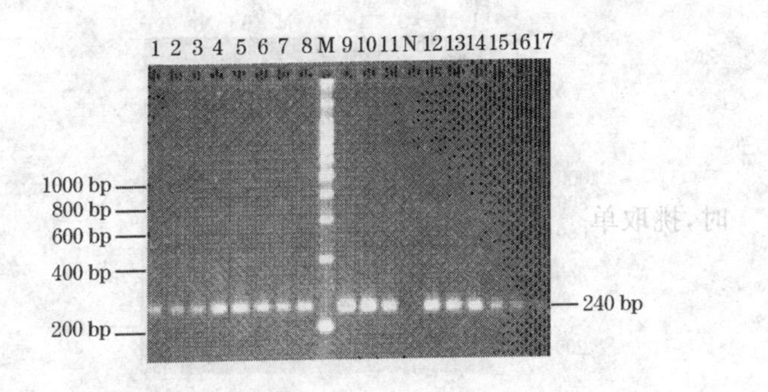


**图 5-1　分离菌株 $B_1 \sim B_{17}$ 的 PCR 检测结果**

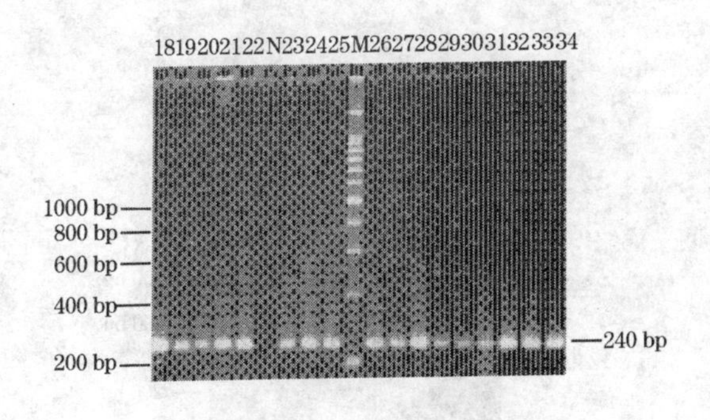


**图 5-2　分离菌株 $B_{18} \sim B_{34}$ 的 PCR 检测结果**

均未扩增出任何 DNA 条带(图 5-3)。

将支气管败血波氏杆菌分离株不同稀释度即 $10^{-2}$、$10^{-3}$、$10^{-4}$、$10^{-5}$ 和 $10^{-6}$ 菌液进行 PCR 扩增，结果稀释度为 $10^{-4}$ 的菌液在 PCR 扩增后可出现明显的 DNA 条带(图 5-4)。根据含菌量测定结果和文献资料推算，$10^{-4}$ 菌液的 DNA

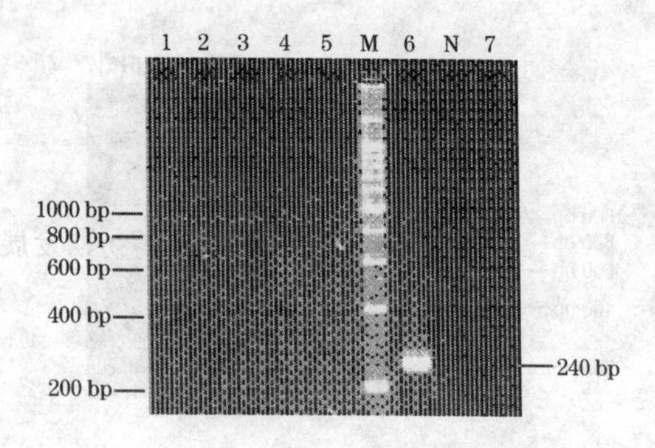


图 5-3 PCR 特异性检测结果

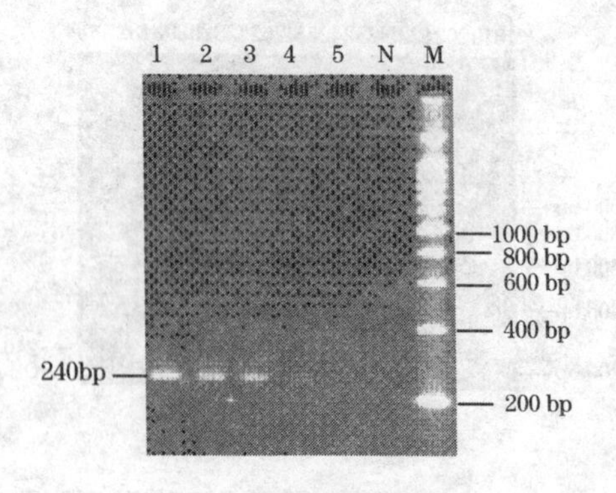


图 5-4 PCR 敏感性检测结果

含量为 0.64 皮克，即该 PCR 的最小检出量为 0.64 皮克。

对支气管败血波氏杆菌 FlaA 基因进行 PCR 扩增，所有分离菌均能扩增出特异性 DNA 条带，与传统方法的鉴定结果完全一致，且最小检出量为 0.64 皮克。

**(三)同时检测支气管败血波氏杆菌和产毒性多杀性巴氏杆菌**

研究表明,支气管败血波氏杆菌和产毒性多杀性巴氏杆菌的相互作用,可以导致严重的传染性萎缩性鼻炎。考虑到支气管败血波氏杆菌在传染性萎缩性鼻炎的初期发展过程中的作用不容轻视,同时检测这两种病原体的方法近年来也有报道。

美国 Register KB 等首次应用双色杂交法同时检测传染性萎缩性鼻炎的病原体支气管败血波氏杆菌和产毒性多杀性巴氏杆菌。这是一种菌落杂交分析法,鉴定细菌从初级培养物中的单一菌落挑选,不需要对受检细菌进行纯代培养。同时杂交大小 4 700 bp 的 Bb alcA 基因和大小 1 200 bp 的产毒性多杀性巴氏杆菌 toxA 基因探针,alcA 为地高辛标记,toxA 为荧光标记,杂交后有支气管败血波氏杆菌存在处显粉红色,有产毒性多杀性巴氏杆菌存在处显紫色,取样 3 天后即可获得结果。检测表现传染性萎缩性鼻炎临床症状的 84 份鼻拭子样品,结果与其他常规鉴定方法如菌落形态结合法、生化反应法、小鼠致死试验、ELISA 的结果做对比,显示出前者具有极高的敏感性和较好的特异性。但鉴于这种检测方法操作复杂、并需要专门的分子生物学技术,不适用于推广使用。

鲁承等又研究出一种多重 PCR 方法检测传染性萎缩性鼻炎的感染。根据 toxA 基因和编码支气管败血波氏杆菌鞭毛的 fla 基因上游序列设计的 2 对引物,提取细菌基因组后进行 PCR。此法也可以用于直接从所采取的鼻腔分泌物中分离 DNA 进行检测,特异性好,敏感性高,但此方法有待对大量临床样本检测进行验证。

# 第六章　猪传染性萎缩性鼻炎的预防与控制

## 第一节　防制猪传染性萎缩性鼻炎的基本原则

防止猪传染性萎缩性鼻炎的传播必须坚持“预防为主”的方针，建立和完善卫生防疫制度，主要是采取加强检疫，做好疫苗预防接种，全面有效消毒，定期开展监测，严格隔离、淘汰病猪和带菌猪，培育健康猪群等一系列综合性防控措施。如：①产仔、断奶和肥育各阶段都应该采用全进全出制度。②适当提高母猪群的年龄。③避免一次性大量引入青年母猪。④有条件时则实行早期断奶，减少母体病原传播给仔猪的机会。⑤从断奶分栏饲养开始，将对传染性萎缩性鼻炎特别敏感的猪群（如大白猪或含有大白猪血缘较多的猪群）与相对不易感的猪群分开饲养，减少受感染的机会。⑥注意喂给粗饲料，多汁以及含有矿物质的饲料，适当提高饲粮蛋白水平，不用发霉变质或者低劣的饲料，每吨乳猪料另添加 50 克可靠的复合维生素以增强体质。⑦降低猪群的饲养密度和维持良好的通风条件，以减少空气中病原菌、有害气体和尘埃的浓度。⑧避免各种大的应激因素，如温差幅度大，冷风袭击等。⑨每日要观察猪群，发现病猪及时确诊，淘汰。⑩要消灭猪舍内的鼠类，严禁犬猫等进入猪舍。以上这些措施都可以在一定程度上降低传染性萎缩性鼻炎的发生和（或）防止本病的扩散和蔓延。

## 第二节　猪传染性萎缩性鼻炎的预防接种

### 一、动物机体的免疫机制

病原微生物经某种方式侵入机体，并在一定的组织器官生长繁殖，使机体产生一系列病理反应，从而引起感染。与此同时，宿主将动用免疫系统通过体液免疫和(或)细胞免疫，产生一种能积极抵抗感染和清除病原微生物的物质，来维护自身的生理平衡和稳定，从而形成了感染与抗感染的矛盾对立统一过程，这个过程就是传染和免疫过程。

机体的免疫过程主要是通过体液免疫和细胞免疫两种机制实现的：体液免疫是由体液如血浆、淋巴、组织液等中所含的抗体介导的特异性免疫；细胞免疫是由免疫活性细胞介导的免疫应答反应。在免疫过程中，宿主免疫系统所产生的这种抵抗病原微生物的物质，叫做抗体，是机体在抗原(抗原是能刺激机体免疫系统引起特异性免疫应答的非己物质，细菌、病毒、寄生虫等侵入宿主体内后，都可作为不同的抗原使宿主产生抗体)的刺激下所形成的一类能与抗原发生特异性结合的免疫球蛋白，不同的病原微生物会刺激机体产生不同的抗体，称为特异性抗体。

因为机体具有这种免疫功能，所以不是宿主感染了病原微生物就一定发病，当侵入的病原微生物数量比较少、毒力比较弱，宿主自身的抵抗力(即产生特异性抗体的能力)又比较高时，则可以自然康复从而获得一定的免疫力，称为自然康复免疫。宿主自然康复以后，这种特异性抗体可以在继续存留在体内，如果再有这种病原微生物侵入，特异性抗体就可以继续进行抵抗，保护宿主不再发生这种病。疫病的预防接种就是根据这个原理，人为地将少量病原微生物种入宿主体内，既能产生特异性抗体，又不让宿主患病，从而产生抗病能力。

## 二、疫苗的预防接种

### (一)预防接种的意义

用药或淘汰"问题"母猪的方法并不能有效解决传染性萎缩性鼻炎所造成的损失，要想成功控制传染性萎缩性鼻炎，还须从该病的发病机制入手。首先，传染性萎缩性鼻炎是由支气管败血波氏杆菌及产毒性多杀性巴氏杆菌引起的，不恰当的饲养管理或不良环境会加重本病的症状和病变。单纯的少量的支气管败血波氏杆菌可以造成非进行性传染性萎缩性鼻炎，通常只危害 6 周龄以内的仔猪，经济损失不大；但是如果有大量的支气管败血波氏杆菌存在时，会在黏膜表面造成炎症，为产毒性多杀性 D 型巴氏杆菌的增殖及产生毒素并进入血液创造了良好的条件。产毒性多杀性 D 型巴氏杆菌造成的危害主要来自于其分泌的皮肤坏死毒素，其进入血液后可以造成进行性萎缩性鼻炎，导致鼻甲骨萎缩、猪只生长发育不良、饲料转化率下降及继发感染增多。所以，传染性萎缩性鼻炎控制成功的关键在于需要控制支气管败血波氏杆菌的数量，防止其过度增殖，并必须中和进入血液的多杀性巴氏杆菌毒素，从而中止对猪只的危害。因此，在加强饲养管理、改善环境条件的同时，我们必须寻找控制支气管败血波氏杆菌数量、中和产毒性多杀性 D 型巴氏杆菌皮肤坏死毒素的方法，疫苗的预防接种正符合这一要求，可以在健康猪群尚未发生传染性萎缩性鼻炎之前，定期有计划地对健康猪只进行预防接种，猪只经预防接种后，通过一定的时间可以在免疫期内，对本病产生坚强的免疫力，从而可以防止传染性萎缩性鼻炎在猪群中传播和蔓延。

有人于2005年春季在某一养猪场做了一项实验：实验组为该猪场的100头妊娠母猪，将这100头母猪按照免疫程序进行传染性萎缩性鼻炎免疫，对照组为100头没有进行免疫的妊娠母猪。临产时，分别对实验的200头母猪进行免疫观察，实验结果表明，100头进行传染性萎缩性鼻炎免疫的母猪所产仔猪发病率为4.03%，死亡率为3.02%，而没有进行传染性萎缩性鼻炎免疫的100头母猪所产仔猪的发病率为40.05%，死亡率为18.51%。另有试验表明，接种猪传染性萎缩性鼻炎疫苗可以使猪群传染性萎缩性鼻炎临床发病率由51.39%降至8.33%。

因此，重视传染性萎缩性鼻炎的预防接种工作，不仅可以使母猪免受侵害，还可以使所产仔猪得到保护，从而降低发病率和病死率，减少经济损失。虽然预防接种是控制猪传染性萎缩性鼻炎的主要措施，但是疫苗接种只能保护健康猪群不受感染，并不能制止病猪排菌，也就是说单纯依靠预防接种来消灭本病是困难的，最好是采取淘汰病猪和疫苗接种相结合的办法。

**(二)预防接种计划的制定**

开展计划免疫要制定免疫方案、收集资料、建立免疫档案，做到有目的、有组织、有计划、有重点地开展预防接种工作。养猪场应该根据《中华人民共和国动物防疫法》及其配套法规的要求，结合当地传染性萎缩性鼻炎流行情况和本场实际，科学安排、严格制定和落实预防接种计划。制定预防接种计划应考虑的主要因素有:①国家、本辖区及毗邻地区或本场猪传染性萎缩性鼻炎的流行情况及规律。②受侵害猪只的品种、年龄、用途、生活周期、病史、母源抗体水平及生产、饲养管理方式、市场贸易、屠宰加工方式和流通状况等。③本地区的自然条件,如气候、地理地貌、河流流向、湖泊、交通运输及民俗民风等。④疫苗的种类、性质、免疫持续期等。预防接种通常需要进行基础免疫和加强免疫才能使抗体达到足够高的水平和维持足够长的免疫持续期。宿主在第一次接受抗原刺激时会产生免疫记忆,并产生少量的特异性抗体,但抗体产生的速度比较慢,称之为基础免疫。基础免疫所获得的特异性抗体,在体内只能维持一段时间,待身体内抗体浓度降低时,应使用同厂家、同种、同批号的疫苗再接种 1～2 次。宿主在第二次接受抗原刺激时,基础免疫所产生的免疫记忆可以再现,机体可以在基础免疫的基础上再次产生特异性抗体,这就是加强免疫。加强免疫以后所产生的抗体不仅量大、产生速度也快,而且免疫持续期也长。因此,在进行包括猪传染性萎缩性鼻炎在内的任何一种疾病预防接种时必须适时进行加强免疫,才能使抗体始终维持在足以抵抗病原微生物的较高水平和足够长的免疫持续期,以保护宿主不被侵害。

按照制定的预防接种计划,在本病流行前对不同年龄的猪只适时、定期地进行预防接种。制定好的免疫程序还可根据具体情况随时调整,不能做硬性统一规定。

### (三)疫苗预防接种的注意事项

**1. 做好人员自身防护** 为防止工作人员感染,在预防接种过程中,工作人员一定要做好自身防护,穿着工作服、胶靴,戴好帽子、口罩、手套及眼镜等,工作前、后均应洗手消毒,工作中不准吸烟和吃食物。

**2. 疫苗的选择、运输和贮藏** ①应选择经国务院兽医主管部门批准使用的疫苗，应符合《兽药管理条例》的相关规定。②应选择与当地流行菌株同型的疫苗免疫。③严格执行疫苗冷链管理制度，必须按疫苗保存要求（冷冻或冷藏）进行运输与贮藏。运输时应尽快到达目的地，在运输过程中应避免日光直接照射。④疫苗入库、出库应做好记录，保存期间应定期检查质量。

**3. 疫苗的使用** ①疫苗使用前必须对参加人员进行技术培训，严格按照疫苗使用说明书进行操作。应做好使用记录，并对使用的每批次疫苗留样，至少保存6个月。②疫苗使用前应仔细检查外包装是否完好，标签是否完整（应包含疫苗名称、批准文号、生产批号、出厂日期、有效期、使用方法及生产厂家等信息）。凡瓶盖松动、疫苗瓶裂损、失真空、超过有效期、疫苗色泽与说明不相符，或瓶内有异物、发霉等一律不能使用。③疫苗稀释液应严格按说明书要求，稀释后的疫苗应放在冷藏容器内，严禁冻结、高温和日光直射。④首次使用疫苗应进行小范围试用，观察7～10天，临床无不良反应后方可扩大接种面。⑤免疫接种的时间应安排在猪群喂料以前，空腹时进行。⑥同一批猪接种时，尽量使用同一厂家、同一批号疫苗。避免重复接种、漏种和错种。不同种、不同批次疫苗不能混合注射。⑦使用过的疫苗瓶应进行无害化处理。⑧发生疫情时，免疫接种应先从健康群到假定健康群，最后到发病群。⑨做好防疫注射登记与统计工作，要有专人做好记录，写明所在市、县、乡、村、畜主姓名、品种、日龄、性别及免疫日期、免疫人员等。

**4. 免疫操作** ①使用前必须核对疫苗的种类与被免疫动物，了解免疫方法、剂量以及免疫禁忌等，疫苗应充分振荡、溶解后使用。②为了防止接种器械传播疫病,接种前要对注射器、针头(不能太粗,以免拔针后疫苗流出)、镊子等器械进行清洗和消毒,煮沸消毒至少15分钟或者用湿热方法高压蒸汽灭菌,自然冷却后使用。不可使用化学方法消毒,灭菌后的注射器与针头放置7天应重新灭菌消毒。③用连续注射器接种疫苗,注射剂量要反复校正,使误差小于0.01毫升,也可以使用质量合格的一次性注射器。一支注射器在使用中只能用于一种疫苗的接种,接种时针头要逐头更换。④吸出的疫苗不可回注于瓶内,针筒排气溢出的药液,应吸积于酒精棉花上,并将其收集于专用瓶内,用过的酒精棉花或碘酊棉花和吸入注射器内未用完的药液也应收集于或注入专用瓶内,集中后烧毁之。⑤建议采用颈深部肌内注射,皮下注射容易引起肿包,极易继发细菌感染形成脓疱,从而影响疫苗的吸收,达不到应有的效果。注射前要对注射部位剪毛消毒,将注射器垂直刺入肌肉深处,针头刺入后确认没有扎入血管再注入疫苗,注射完毕拔出针头,针孔用碘酊消毒并轻压术部。对于仔猪免疫,由于注射疫苗量少,为了防止注射后疫苗外渗,建议采用较细的9号注射针头,按照“慢推快拔”的要领注射,能收到很好的效果。⑥免疫接种时,需要饲养员协助保定,保定时应做到轻抓,轻放。接种时动作要快捷,熟练,尽量减少应激。

**(四)预防接种前及接种后的护理与观察**

**1. 预防接种前后的24小时内** 应有较好的护理和管理条件,要特别注意减少对猪群的各种应激,不改变饲料品质,不安排转群、转场等工作,减少意外噪声,控制好温度、湿度、饲养密度和通风、勤换垫料,饲喂配合饲料,以免接种疫苗后出现的暂时性抵抗力降低而产生不良后果。可以在接种前后的3～5天,适当增强蛋氨酸、赖氨酸、维生素A、B族维生素、维生素 C、维生素 D 等，确保免疫力，也可以在饮水中加入抗应激剂，如电解质、维生素 C、维生素 E，或者在饲料中加入利血平等抗应激药物，均能有效地缓解和降低各种应激反应。在免疫的前、后 2 天最好不使用消毒药、抗生素、抗病毒药。

**2. 预防接种前** 应对猪群进行临床健康状况检查（包括体温检查），根据检查结果做如下处理：完全健康的猪只可以进行预防接种；凡有发热、精神不振、食欲不佳、呼吸困难、腹泻或便秘、体质瘦弱的猪只应先打上记号或者记下耳号，暂时不能接种疫苗，等待猪只疾病康复和体力恢复以后再按规定接种；妊娠后期的猪只不能进行预防接种，待分娩后再进行预防接种，妊娠猪只的免疫应严格按说明书要求进行。

**3. 猪只接种疫苗后在一定的时间内可能会发生接种不良反应** 局部反应是在接种部位出现炎症反应，即红、肿、热、痛，全身反应主要是体温升高、食欲减退、产奶量下降等全身症状，上述反应都属于正常现象，只要加强饲养管理，给予适当的休息，几天后就会自行消失。如果不良反应严重，必须对症治疗，反应极为严重的，可予以屠宰。个别猪只由于个体差异可能会发生变态反应，引起全身症状，甚至突然休克死亡。因此，在预防接种前应准备好肾上腺素等抗过敏药物，接种后 2 小时应密切观察猪群的状态，一旦发生不良反应要及时采取措施。

### （五）疫苗免疫失败的原因

**1. 免疫失败及其主要表现形式** 免疫失败就是进行了免疫，但猪群或猪只不能获得足够的抗体保护力，仍然发生相应的亚临床性疾病，甚至临床性疾病。免疫后，猪群或猪只抗体水平或细胞免疫水平不能达标，保持持续性感染带毒状态，都属于免疫失败。免疫失败是一个比较复杂的免疫过程，临床上也有不同的表现形式。

(1)免疫后传染病仍然发生　一般是在接种疫苗后比较短的时间内发病，也有个别接种后马上发病的情况。

(2)免疫后表现温和型或隐性感染的发生　对一些急性传染病，有时在免疫后虽然没有典型病例的发生，但是仍有温和型或隐性感染的发生，发病率高低不一。

(3)生产性能下降　表现为免疫群体没有明显的临床症状，但是生产性能降低，如增重减缓、饲料消耗增加、淘汰率增加等。

**2. 免疫失败的原因**

(1)疫苗及稀释剂

①疫苗的质量　非正规生物制品厂生产、质量不合格或者已经过有效期等因素均不能保证疫苗的良好质量，如病毒或细菌抗原含量不足，疫苗被污染，冻干或密封不佳，油乳剂疫苗油水分层，氢氧化铝佐剂颗粒过粗等。疫苗因运输、保存不当、冷链缺失或者疫苗在免疫接种前受到日光的直接照射，或者疫苗稀释后未在规定时间内用完，都可以影响疫苗的效价甚至失效。

②疫苗选择不当　某些养猪场忽视仔猪生长快、抵抗力比较弱的特点，选用一些中等毒力的疫苗，这不仅起不到免疫作用，相反造成病原微生物毒力增强和病原微生物扩散。

③疫苗间干扰作用　将 2 种或 2 种以上无交叉反应的抗原同时接种时，抗体对其中 1 种抗原的抗体应答显著降低，从而影响这些疫苗的免疫接种效果。

④疫苗稀释剂　疫苗稀释剂未经消毒或者因受到污染而将杂质带进疫苗；饮水免疫的饮水器未经消毒、清洗，或者饮水器中含有消毒药等都会造成免疫不理想或免疫失败。

⑤免疫麻痹　使用疫苗的免疫剂量过大，机体免疫应答就会受到抑制，发生免疫麻痹。超大剂量活疫苗在免疫抑制的情况下甚至可以导致猪只发生临床疾病。

⑥使用方法不当　稀释的疫苗在使用前未振摇均匀，稀释后的疫苗未及时使用，或者选用针头不当，如注射小猪群使用孔径大的针头使药液溢出；注射大、中猪群使用的针头过短，低于脂肪厚度，疫苗不能直接进入肌肉层，停留在皮下脂肪内，不能发挥抗原的效力；注射部位涂擦酒精、碘酊过多，或者使用5%以上的碘酊消毒皮肤，这对活疫苗有破坏作用；使用其他化学消毒剂处理过的注射器或针头有残留的消毒剂。

(2)动物机体状况

①遗传因素　动物机体对接种抗原有免疫应答，在一定程度上是受遗传因素控制的，不同品种的动物对疾病的抵抗力或者对疫苗的反应能力均有所不同，在疫苗使用时如果不加以注意，很可能收不到预期的效果，猪品种繁多，免疫应答各有差异，即使同一品种不同个体的猪只，对同一疫苗免疫反应的强弱也不一致。

②母源抗体　母源抗体的被动免疫对新生仔猪是十分重要的，然而对疫苗接种却带来了一定的影响，尤其是对弱毒疫苗。如果仔猪有较高水平的母源抗体，就能影响疫苗的免疫效果，因为在此期间接种疫苗，由于抗体的中和、吸附作用，不能诱发机体产生免疫应答，导致免疫失败。

③应激因素　动物机体的免疫功能在一定程度上受到神经、体液和内分泌的调节，在环境过冷或过热、噪声过强、湿度过大、通风不良、拥挤、饲料突然改变、运输、断奶、捕捉、限饲、保定等应激因素的影响下，可导致猪只对抗原的免疫应答能力下降。所以，当猪群处于应激反应敏感期时接种疫苗，就会

减弱猪的免疫能力，表现出低抗体和细胞免疫应答减弱。

④营养状况 例如，机体缺乏维生素A，能导致淋巴器官的萎缩，影响淋巴细胞的分化、增殖、受体表达与活化，还可使体内的T细胞、NK细胞数量减少，吞噬细胞的吞噬能力下降，B细胞的抗体产生能力下降。此外，其他维生素及微量元素、氨基酸的缺乏，都会严重的影响机体的免疫功能。因而，营养状况是免疫机制中不可忽略的因素。

⑤野毒早期感染或强毒株感染 机体接种疫苗后需要一定时间才能产生免疫力，而这段时间恰恰是一个潜在的危险期，一旦有野毒入侵或者机体尚未完全产生抗体之前感染强毒，就会导致疾病的发生，造成免疫失败。

(3)免疫程序不合理 猪场没有根据当地猪传染病的流行规律和本场实际，制定出合理的免疫程序。一是给妊娠母猪接种弱毒疫苗，弱毒疫苗有可能进入胎儿体内，胎儿的免疫系统未成熟，导致免疫耐受和持续感染，有的可引起流产、死胎或畸形。二是如果在免疫期间猪群遭受感染，那么这时疫苗还来不及诱导免疫力产生，猪群就会发生临床病症，表现为疫苗免疫失败。由于在这种情况下，疾病症状会在接种后不久出现，人们就会误以为是疫苗导致的发病。三是没有对猪群免疫力及时检测，对接种后未产生保护性免疫力、抗体水平下降至临界值的猪只未进行及时补免，造成免疫空白，一旦强毒感染，就会导致发病。四是给不健康的猪群接种，猪只不能产生抵抗感染的足够免疫力。

(4)血清型 有些病原含有多个血清型，如口蹄疫病毒有7个血清型，80多个亚型，如果疫苗毒株(或菌株)不包括流行病原的血清型，就会引起免疫失败。因此，选择适当的疫苗株是取得理想免疫效果的关键。在血清型多又不了解为何种血清型的情况下,应选用多价疫苗。

(5)其他因素

①饲养管理不当　由于日常消毒卫生制度不健全,猪舍及周围环境中存在大量的病原微生物,在使用疫苗期间猪只已经受到某种病毒或细菌的感染,就会影响疫苗的效果,导致免疫失败。饲喂霉变的饲料,霉菌毒素毒害巨噬细胞而使其不能吞噬病原微生物,从而引起严重的免疫抑制,最终会严重影响免疫效果。

②化学物质的影响　许多重金属(铅、镉、汞、砷)均可抑制免疫应答而导致免疫失败;某些化学物质(重金属、杀虫剂、农药等)可以引起免疫系统部分甚至全部萎缩以及活性细胞的破坏,从而引起免疫失败。

③滥用药物　许多药物(如氯霉素、地塞米松等)对B淋巴细胞的增殖有一定的抑制作用,能影响疫苗的应答反应,有的饲养场为防病而在免疫接种期间使用抗菌药物或药物性饲料添加剂,从而导致机体免疫细胞的减少,以致影响机体的免疫应答反应。

④器械和用具消毒不严格　免疫接种时不按要求消毒注射器、针头、刺种针及饮水器等,使免疫接种成了带毒传播,反而引起疫病流行。

**3. 防止免疫失败的主要对策**

(1)正确选择和使用疫苗　选择国家定点生产厂家生产的优质疫苗,接种前对使用的疫苗逐瓶检查,注意有无破损、封口是否严密、标签是否完整、瓶内是否真空以及是否在有效期内,要有生产厂家和批准文号,其中有一项不合格就不能使用,应作报废处理,以确保免疫质量。疫苗种类多,选用时应考虑当地疫情、毒株特点。

(2)免疫计划　制定合理的免疫计划。

(3)专人负责　免疫接种工作应指定专人负责,包括免疫程序的制定,疫苗的采购和贮存,免疫时工作人员的调配和安排等。根据免疫程序的要求,有条不紊地开展免疫接种工作。

(4)采用正确的免疫操作方法　疫苗接种操作方法正确与否直接关系到疫苗的免疫效果,免疫接种工作应由兽医防疫技术人员或者经过专业培训的责任心强的养殖人员进行。

(5)建立健全防疫制度、贯彻综合防治措施　加强饲养管理,做好日常消毒工作,减少应激和各种疾病的发生,合理选用免疫促进剂。免疫接种时间应根据传染病的流行状况和猪群的实际抗体水平来确定。接种疫苗前应对猪群健康状况进行详细调查,如果有严重的传染病流行,应暂缓接种,及时剔除或者隔离病猪,然后再接种健康猪只,对有疫病流行的地区,可以在严格消毒的条件下,对没有发病的猪只紧急预防接种。

### (六)疫苗的种类

#### 1. 猪克鼻-猪传染性萎缩性鼻炎三价灭活苗

(1)主要成分　①支气管败血型波氏杆菌产毒株。②多杀性巴氏杆菌产毒株。③多杀性巴氏杆菌类毒素。④高优质水性氢氧化铝胶佐剂。

(2)用　途

①三联疫苗-抗原完整性　支气管败血波氏杆菌、多杀性巴氏杆菌、类毒素抗原全面对抗复杂的猪传染性萎缩性鼻炎,有效预防,减轻症状。

②预防接种母猪　超高量移行抗体有效保护仔猪,阻断感染。

③水性佐剂　具有安全、抗体产生快速、抗体滴度最高等

优势，可以在最安全的状况下，最快速激发最大量的抗体，并透过初乳给仔猪用以对抗传染性萎缩性鼻炎病原菌的抵抗力。此外，水性佐剂刺激性低，母猪不会有打完疫苗后食欲不振等问题，也避免因此造成泌乳少、营养不足等困扰。水性佐剂应激小且抗原释放快速，可以安全地给仔猪注射，使仔猪产生免疫力。

(3)使用方法

①未使用过猪克鼻的母猪　基础免疫应于分娩前6周注射第一次，分娩前2周补强注射1次。

②使用过猪克鼻的母猪　分娩前2周补强注射1次。

③出现鼻子弯曲变形的严重感染场　母猪免疫计划如前所述，初生仔猪需在3周龄时补强注射1次。

**2. 保猪利**

(1)主要成分　①灭活的支气管败血波氏杆菌。②纯化的D型多杀性巴氏杆菌皮肤坏死毒素(类毒素)。③敌露威增效佐剂。

(2)用途　支气管败血波氏杆菌菌体产生的抗体将有效地干扰该菌在鼻腔黏膜表面的增殖，而D型多杀性巴氏杆菌类毒素产生的抗体能有效地中和透过黏膜进入血液的皮肤坏死毒素，从而中止其对猪只的危害。该抗体从初乳传给小猪后，可使仔猪在12～16周龄得到有效保护，平均免疫保护期达14周龄。因而在危险期内，猪只不需有额外的照顾，却时时在抗体的保护之下。同时，该疫苗使用简单，只需免疫母猪，小猪即获得坚强保护。

适用于繁殖母猪及后备母猪预防接种，通过初乳传递母源抗体，使后代仔猪获得被动免疫保护，从而预防传染性猪萎缩性鼻炎的早期感染。

(3)使用方法　①未经免疫的繁殖母猪和后备母猪应进行基础免疫和补强注射，基础免疫于配种前1个月左右完成，补强注射的间隔时间为6周，二免后3个月内不必再进行免疫，二免后超过3个月的妊娠母猪应在分娩前2～6周再补强免疫1次。②新引进的未免疫母猪应立即进行免疫。

母猪不分年龄、体重，耳后深部肌内注射2毫升。

**3. 猪传染性萎缩性鼻炎油佐剂二联灭活苗**

(1)主要成分　支气管败血波氏杆菌和产毒素多杀性巴氏杆菌培养后，经甲醛灭活，加入油佐剂制成，疫苗呈乳白色或淡红色。

(2)用途　本品既适用于注射妊娠母猪，防止其仔猪产生鼻腔病变，推迟感染，也可以注射仔猪。安全有效，无不良反应。

(3)使用方法　①母猪于产前4周颈部皮下注射0.2毫升，初乳中含有母源抗体，可以被动地保护仔猪几周内免受本病感染。②新引进未经预防接种的后备母猪应立即接种，每头颈部皮下注射1毫升。③未免疫母猪所生的仔猪，生后1周龄每头颈部皮下注射0.2毫升，4周龄时每头注射注射0.5毫升，8周龄时每头注射0.5毫升巩固免疫1次，可以产生坚强的免疫力。④种公猪每年2次，每头每次颈部皮下注射2毫升。

**4. 猪传染性萎缩性鼻炎油佐剂灭活菌苗**

(1)主要成分　本菌苗是用产生丰富保护性抗原的猪支气管败血杆菌强毒Ⅰ相菌和低毒强效免疫佐剂制成的油包水型乳剂灭活菌苗，可作被动免疫、主动免疫及被主动结合免疫，免疫效果及安全性良好。

(2)用途　用于妊娠母猪和哺乳仔猪的免疫。

(3)*使用方法* ①妊娠母猪1次注苗,通过初乳被动保护的仔猪对强毒攻击的鼻甲骨萎缩减少率平均95%。②哺乳仔猪主动免疫可加速清除攻击,2次注苗清除率达100%,1次注苗亦达80%~90%,同时滴鼻免疫者抗感染率70%~80%。主动产生抗感染力和清菌力,不受高价母源抗体抑制。

近年来,通过分子生物学的方法制备无毒重组毒素会更安全。如对毒素基因进行操作,从毒素基因中切下某些片段,使表达产生的毒素丧失酶活性,但仍然可以刺激机体产生具有保护作用的抗毒素毒素。Bording等于1994年报道了一种含有多杀性巴氏杆菌毒素的无毒重组衍生物的萎缩性鼻炎疫苗,其保护效果明显,鼻甲骨萎缩轻微,血清学检测表明毒素保护抗体高,而且猪的生长性能良好。和天然毒素相比,这种重组毒素产量高,而且不需要灭活。

## 第三节 消 毒

### 一、消毒器械

**(一)喷雾器**

用于喷洒消毒的器具称为喷雾器。喷雾器有2种,一种是手动喷雾器,另一种是机动喷雾器。前者有背携式和手压式2种,常用于小范围消毒;后者有背携式和担架式2种,常用于大面积消毒。消毒液在装入喷雾器之前,应先充分溶解过滤,以免可能存在的残渣堵塞喷雾器的喷嘴。

**(二)火焰喷灯**

是利用汽油或煤油作为燃料的一种工业用喷灯,常用来消毒被病原微生物污染了的各种金属制品，如鼠笼、兔笼、鸡笼等。

## 二、常用消毒与灭菌方法

### (一)物理学消毒方法

**1. 机械清理法** 用机械的方法如清扫、洗刷、通风等方法，用以清除病原微生物和排泄物、分泌物等污染物。但这种方法必须配合其他方法才能彻底消除病原微生物。另外，必须注意的是在任何消毒之前，必须将动物圈舍和设备彻底清理并洗刷干净，这是消毒程序中的首要环节。

**2. 光线与射线、干燥消毒法** 此消毒方法的主要杀菌机制是损坏 DNA 构型，干扰 DNA 的复制，导致细菌死亡或变异。常用的有日光和紫外线、电离射线。日光是天然的消毒剂，其光谱中的紫外线有比较强的杀菌能力，日光的灼热和蒸发水分引起的干燥也有杀菌作用，另外也可以用人工紫外线灯消毒。

**3. 热力灭菌法** 热力灭菌是利用高温使病原微生物变性、凝固来杀灭微生物的一种方法。常用的有干热灭菌法、湿热灭菌法。

**4. 滤过除菌** 滤过除菌是用滤器除去液体中的细菌。常用的除菌滤器有如下 3 种：蔡氏滤器、玻璃滤器、薄膜滤器。

### (二)化学消毒法

此法是用化学药品消毒剂进行的消毒，主要用于动物养殖场内外环境、动物饲养笼、圈舍、料槽、各种物品表面及饮水的消毒。常用的消毒剂有：氧化剂类(如过氧乙酸)、酸类(如复合酚、柠檬酸)、卤族化合物(如碘制剂、溴制剂、氯制剂)、碱类(如烧碱液)等。可以依据消毒的场所、对象不同，选用不同种类的消毒剂。

### （三）生物消毒法

**1. 发酵池法** 此法适用于饲养大量动物的饲养场，多用于稀薄粪便（如牛、猪粪）的发酵。在距离饲养场200～250米以外的无河流、水井及居民区的地方，挖2个或2个以上的发酵池，大小根据实际需要而定，发酵池的数量与大小决定于每天运出的粪便数量。发酵池的底部与池的边缘用砖砌后再抹上水泥，使其不透水。然后将每天清扫的粪便及污染物等倒进发酵池内，直到快满时，在粪便表面铺一层杂草，上面用一层泥土封好，经过1～3个月的发酵消毒后，即可以取出作肥料用。几个发酵池可以依次轮换使用。

**2. 堆粪法** 此法适用于干固粪便（如马、羊、鸡粪等）的处理。在距离饲养场100～200米的地方设1个堆粪场，在地面上挖1个深约20厘米，宽为1.5～2米的浅沟，长度随粪便多少而定。先将秸秆堆至25厘米厚，其上堆放要消毒的粪便、垫草及污染物等，高可达1～1.5米，然后在粪堆外面再铺上10厘米厚的谷草，并覆盖10厘米厚的沙子或者泥土，如此堆放发酵3周至3个月，即可以用作肥料。粪便要堆积疏松一些，好气性分解才能产生杀灭病原微生物所需的高温。当粪便较稀时，应加些杂草，太干时倒入稀粪或加水，以促其迅速发酵。处理牛粪时，因牛粪较稀不易发酵，可以掺马粪或者干草，其比例为4份牛粪加1份马粪或干草。

### （四）选择消毒方法的原则

**1. 根据病原微生物选择适当的消毒方法** 由于各种病原微生物对消毒因子的抵抗力不同，所以要有针对性地选择消毒方法。支气管败血波氏杆菌和多杀性巴氏杆菌的抵抗力不强，常用的消毒剂如氨水、酚类、次氯酸钠、碘酊、戊二醛、洗必泰等都可以将其杀灭。

**2. 根据消毒对象选择适当的消毒方法** 通常需要进行消毒的环境往往是复杂的，同样的消毒方法对不同性质物品的消毒效果也往往不同。例如，对动物活体消毒要特别注意消毒剂对动物和人体的安全性和效果的稳定性；对圈舍、笼具及房间等进行消毒，如果其封闭效果好的可以采用熏蒸法效果比较彻底全面，封闭性差的最好用液体消毒的方法；对物体表面消毒时，可以采用擦、抹和喷雾的方法；耐腐蚀的物体表面用喷洒的方法好，怕腐蚀的物品要用无腐蚀性的化学消毒剂喷洒、擦拭等方法消毒；小物体消毒可以用浸泡的方法；触摸不到的地方可以用照射、熏蒸、辐射（饲料和添加剂等均采用）的方法；对于通风条件好的房间进行空气消毒可以利用自然换气法，通风不良、污染空气长期滞留在建筑物内的房间，可以用药物熏蒸或者气溶胶喷洒等方法处理，也可以用紫外线照射法。

**3. 消毒的安全性** 选择消毒方法时应该时刻注意消毒的安全性。例如，在人群和动物群集的地方，不要使用具有毒性和刺激性强的气体消毒剂；当室内有人或饲养动物时，只能用紫外线反向照射法消毒，即向上方照射，以免对人和动物体造成伤害；在距火源 50 米以内的场所，不能大量使用环氧乙烷类易燃、易爆类消毒剂；在消毒的同时还要特别注意对消毒物品的保护，使其不受损害；对食具、水具、饲料、饮水等不能使用有毒或者有异味的消毒剂消毒等。

### （五）消毒药液稀释计算方法

#### 1. 稀释浓度计算公式

浓溶液容量=（稀溶液浓度/浓溶液浓度）×稀溶液容量

例：如果配制 0.5%溶液 5 000 毫升，需要用 20%过氧乙酸原液多少毫升？

20%过氧乙酸原液=(0.5/20)×5 000=125 毫升

稀溶液容量=(浓溶液浓度/稀溶液浓度)×浓溶液容量

例：现有 20%过氧乙酸原液 50 毫升，能配制成 0.5%过氧乙酸溶液多少毫升？

能配成 0.5%过氧乙酸溶液量=(20/0.5)×50=2 000 毫升

**2. 稀释倍数计算公式**

稀释倍数=(原药液浓度/使用浓度)-1

(若稀释 100 倍以上时公式不必减 1)

例：用 20%漂白粉混悬液，配制 5%混悬液时，需要加水几倍？

需加水的倍数=(20/5)-1=3 倍

**3. 增加药液计算公式**

需加浓溶液容量=(稀溶液浓度×稀溶液容量)/(浓溶液浓度-使用浓度)

例：有剩余 0.2%过氧乙酸 2 500 毫升，要增加药液浓度至 0.5%，需要加 28%过氧乙酸多少毫升？

需加 28%过氧乙酸溶液量=(0.2×2 500)/(28-0.5)

=18.1 毫升

**(六)几种常用消毒剂的使用方法**

**1. 过氧乙酸**

(1)主要特性　本品为无色透明的液体，有很强的醋酸味，易溶于水和有机溶剂。挥发性强，有刺激性气味，有腐蚀性，加热或者遇到各种有机物、金属等迅速分解。过氧乙酸既有酸的特性又有氧化剂的特点，因此杀菌作用比一般的酸和氧化剂都强。过氧乙酸的消毒范围很广，对细菌、病毒、真菌和芽胞等各种病原微生物都有很强的杀灭作用。一般市售的过氧乙酸浓度为18%～19%，低温条件下使用可以适当提高浓度。

(2)消毒方法

①浸泡消毒　是一种简单常用的方法，消毒效果确实可靠。凡耐腐蚀的物品，如玻璃、搪瓷、橡胶制品及塑料等都可以用此法消毒。浓度为0.2%～0.4%，浸泡2～120分钟即可。

②喷雾消毒　适用于大件物品和建筑物消毒，如实验室、无菌间、动物圈舍、料槽、车辆等的消毒。浓度0.1%～0.5%，喷的雾滴越小越好，最好密闭1～2小时，喷雾器最好是塑料制品，以免被腐蚀损坏。

(3)注意事项　本品应低温保存，70℃以上容易引起爆炸。稀释后的过氧乙酸分解比较快，所以应现用现配。用过氧乙酸浸泡消毒物品，消毒后应该尽快用大量清水冲洗干净。本品有漂白作用，应注意。

**2. 环氧乙烷**

(1)主要特性　本品在低温下为无色透明的液体，在常温下为无色气体，能以任何比例与水混合，也可以溶于大部分有机溶剂和油脂。环氧乙烷是一种广谱、高效、穿透力强，对消毒物品损害轻微的消毒灭菌剂，对细菌、病毒、立克次氏体及真菌均有良好的消毒作用，对皮毛等动物产品中的炭疽杆菌芽胞也有较好的消毒效果。目前，广泛应用于毛皮制品、塑料制品、各种织物、医疗器械、传染病疫源地、医药工业及食品工业的消毒。环氧乙烷的消毒效果与湿度、温度等因素有关，一般认为，空气相对湿度为30%～50%，温度在18℃以上，38℃～54℃最为适宜。环氧乙烷的沸点为10.8℃，如果遇到明火很容易发生燃烧和爆炸，对人有中等毒性，应避免接触其液体和吸入其气体。

(2)消毒方法　此法消毒时必须在密闭的专用消毒室或者密闭良好的容器(常用聚乙烯或聚氯乙烯薄膜制成的篷布)内进行。将皮张、鬃毛等产品存放于密封空间，如果消毒一般的病原微生物，每立方米用环氧乙烷 300～400 克，作用 8 小时；如果消毒芽胞和真菌，每立方米用环氧乙烷 700～950 克，作用 24 小时。

(3)注意事项　①环氧乙烷易燃、易爆，对人有一定的毒性，因此，贮存和使用时严禁能产生火花的一切操作，工作人员如果发现有头晕、恶心、呕吐等中毒症状，要立即离开现场，到通风良好的地方休息，严重的立即到医院就诊。②产品的堆放要有一定的空隙，便于放入投药管道。③投药时气温不得低于 10℃，而且空气相对湿度不得低于 30％。④投药前，应尽量排出容器内的空气，形成负压有利于药品蒸气的扩散。投药后 24 小时即可打开容器，取出产品。

**3. 烧　碱**

(1)主要特性　本品为氢氧化钠固体，又称烧碱、火碱、苛性钠，是一种常见的重要的强碱。氢氧化钠为白色块状、棒状或者片状结晶，极易潮解，在空气中容易吸收二氧化碳形成碳酸钠，可用作碱性干燥剂。氢氧化钠极易溶于水，溶解时能放出大量的热，还易溶于乙醇和甘油。氢氧化钠能溶解蛋白质、破坏病原微生物的酶系统和菌体结构，对机体和用具等有腐蚀作用，有强烈刺激性和腐蚀性。

(2)消毒方法　火碱是一种消毒效果很好的常用药物，其 2％～4％的溶液，可以杀死繁殖型细菌和病毒；10％的溶液，24 小时可以杀死结核杆菌；30％的溶液，10 分钟可以杀死炭疽芽胞。在生产中常用2%～4%的溶液消毒饲养场、屠宰场等生产加工企业的地面、动物圈舍、木制用具、运输动物的车辆等。

(3)注意事项　由于火碱有很强的吸湿性，因此应密封保存。火碱对皮肤和器官有灼伤作用，不能用作动物活体消毒，消毒时应将动物赶出圈舍外。工作人员在工作时要注意防护，以免灼伤。大量接触烧碱时应佩戴防护用具，工作服或工作帽应用棉布或者适当的合成材料制作。应涂以中性和疏水软膏于皮肤上。接触片状或粒状烧碱时，工作场所应有通风装置。火碱对纤维、玻璃、陶瓷、铝制品等均有腐蚀作用，此类用品不可以用该药消毒。运输动物的车辆用火碱溶液消毒时，消毒后6～12小时，应用清水将消毒液彻底冲洗掉，以免受到腐蚀和损坏。

**4. 生石灰**

(1)主要特性　生石灰是氧化钙，它不具备消毒作用，只有在生石灰中加水，使其发生化学反应生成熟石灰(即氢氧化钙)，并离解出氢氧根离子才有消毒作用。本品对炭疽杆菌的芽胞无效。

(2)消毒方法　用新鲜的生石灰(未受潮的为准)配制成10%～20%的石灰乳来消毒。即取1千克新鲜石灰加入1升水，让其混合反应后，再加9升水，搅拌后让其沉淀，取上清液(或者除去残渣)即可。饲养动物出栏以后，把墙壁和地面清理干净，每平方米用1升配制成的石灰乳刷栏舍、墙壁1～3次，特别是墙角、缝隙，一定要涂刷到，不留死角。动物栖息、觅食场所，可以用氧化钙1千克加水350毫升的比例，生成石灰粉，撒布于阴湿的道路、地面、污水沟以及粪池周围。水泥地面由于太干燥，石灰粉的作用不大。

(3)注意事项　生石灰易吸水潮解并吸收空气中的二氧化碳变为碳酸钙而失效，因此要现用现配或者经常更换新品。

### 5. 漂白粉

(1)主要特性　漂白粉又称氯石灰，为次氯酸钙，是一种广泛应用的消毒剂，杀菌效力强。漂白粉为白色颗粒状粉末，具有极强的氯臭味。它的化学性质很不稳定，暴露在空气中吸收水和二氧化碳而分解，遇水或乙醇都能分解，产生新生态氧，如果受热、遇到稀盐酸或者日光照射会分解放出剧毒的氯气。漂白粉溶于水中形成次氯酸，由于氧化作用和抑制细菌得巯基酶，起到消毒作用，对细菌、病毒和真菌都有杀灭作用。

(2)消毒方法　10％～20％混悬液用于动物圈舍及环境的消毒，在5～10克/立方米的水中，可作饮水消毒。

(3)注意事项　漂白粉具有氧化性、刺激性和腐蚀性，遇到有机物(如汽油)会引起发热燃烧，与干草、木屑等可燃物混合，温度达100℃以上时，会引起燃烧，甚至爆炸。因此，应贮存于阴凉、通风的库房内，库温不得超过30℃，空气相对湿度不超过80％。远离火种、热源，与有机物、易(可)燃物及酸类物质分开存放，切忌混贮，也不宜大量贮存或者久存本品。发生火灾时，可以用大量水、泡沫和沙土扑救。雨天不宜运输。其粉尘对眼结膜及呼吸道有刺激性，可以引起牙齿损害，皮肤接触可以引起中至重度皮肤损害。因此，操作者要做好自身防护，一旦接触皮肤，应用肥皂水和清水彻底冲洗。

### 6. 优氯净

(1)主要特性　本品又叫二氯异氰尿酸钠，为白色粉末或颗粒，含有效氯60％左右，有氯味，易溶于水，干品长期贮存，有效氯下降甚微，是一种性能稳定的强氧化剂和氯化剂。能有效地杀灭各种细菌、芽胞、真菌、病毒，对甲、乙型肝炎病毒具有很强的灭活特效，并且具有灭藻、除臭、净水、漂白之功效。在卫生防疫、畜牧养殖、工业循环水处理、羊毛防缩、农业种植等方面用途广泛。

(2)消毒方法　0.5%～10%的溶液15～60分钟用于饲养用具的消毒；5%～10%的浓溶液350～1 000毫升/平方米，1～3小时内用于地面的消毒。

(3)注意事项　优氯净为强氧化剂，与易燃物接触可能引发火灾，为腐蚀品，有刺激性气味，对眼睛、黏膜、皮肤等有烧伤危险，严禁与人体接触，操作人员应佩戴防护眼镜、胶皮手套等劳动防护用品。如有不慎接触，则应及时用大量清水冲洗，严重时送医院治疗。

**7. 福尔马林**

(1)主要特性　本品为38%～40%甲醛的水溶液，外观无色透明，具有腐蚀性，且因内含的甲醛挥发性很强，开瓶后一下子就会散发出强烈的刺鼻味道，具有易燃性及腐蚀性，在一般空气里均能测出微量，易溶于水。主要用于熏蒸消毒，有较强杀菌作用。

(2)消毒方法

①福尔马林与高锰酸钾混合熏蒸法　福尔马林与高锰酸钾的用量为2∶1，一般按福尔马林30毫升/立方米、高锰酸钾15克/立方米、常水15毫升/立方米用量计算。先将水倒入陶瓷或搪瓷容器内，然后加入高锰酸钾，搅拌均匀再加入福尔马林，人即迅速离开，将门关闭，经过12～24小时方可将门窗打开通风，如果不急用，可以密闭2周。通风换气2天以上，等甲醛气体完全逸出以后再使用。倘若急需使用，则需用氨蒸气来中和甲醛。按动物圈舍每100立方米取500克氯化

铵,1千克生石灰及750毫升的水(加热到75℃)混合后即可放出氨气,将此混合液装于小桶内放入动物圈舍。或者用氨水来代替,即按每100立方米动物圈舍用25%氨水1 250毫升喷洒,作用20~30分钟,打开圈舍门窗,通风20~30分钟,此后即可放进动物饲养。

②固体福尔马林加热熏蒸法　即将固体福尔马林置容器上直接加热熏蒸消毒。根据动物圈舍容积大小,按30~40毫升/立方米的标准,计算出总用量,然后与水按1∶1的比例混合,倒入金属容器内加热。也可以每50~100立方米的空间用1个蜂窝煤炉,放在靠近窗口处点燃,将盛福尔马林溶液的容器放在火炉上加热。操作人员隔窗观察,当液体蒸发完毕时,操作者用透明塑料薄膜袋罩严头部,进入舍内将金属容器移开,再将门口关严,密闭24小时以上。

(3)注意事项　①熏蒸前要将动物迁出,圈舍地面、墙壁、笼具等清洗干净,不能存有粪便和污垢,同时将所有用具全部搬入舍内,工作服等适当地打开,箱子与柜橱的门都开放。②将门窗缝隙及所有透气孔全部封严。③福尔马林和高锰酸钾具有腐蚀性,混合后反应剧烈,释放热量,一般可以持续10~30分钟。因此,盛放药品的容器应足够大,而且应耐腐蚀。④熏蒸前应先将火炉点燃,使舍温达到18℃以上,舍内用喷雾器喷洒清水,空气相对湿度达到60%~80%,然后再进行熏蒸。这样在液体蒸发结束时,舍温可以达到25℃以上,空气相对湿度可达到75%以上,并维持比较长的时间,才能达到理想的消毒效果。⑤液体蒸发结束时,有时在容器底部会剩有一些熔化的多聚甲醛(冷却后为白色固体),可以再加入适量的清水,继续加热蒸发。⑥熏蒸时应有专人负责看管,从窗外观察液体蒸发情况,一旦液体蒸发结束,应立即进舍移开容器，防止容器烧毁及火灾发生。⑦操作时要做好个人安全防护。

**8. 百毒杀** 本品是新型季铵盐类消毒剂，属阳离子型表面活性剂，水溶性低，对马立克氏病病毒、新城疫病毒有比较强的灭活作用，对芽胞和法氏囊炎病毒效力较差。环境消毒时取本品1毫升加入3升水中。饮水消毒时，取本品1毫升加入10～20升水中。

**9. 碘伏** 本品为碘与表面活性剂的不定型结合物，在溶液中逐渐释放碘，对细菌、病毒、真菌和细菌芽胞有杀灭作用，杀菌浓度为5～10毫克/升。

**10. 农福** 本品为醋酸、混合酚与烷基苯磺酸复配的水溶液，易溶于水，对细菌和病毒有杀灭作用。1%～1.3%溶液用于动物活体喷洒消毒，1.7%溶液用于器具和车辆消毒。相近产品毒菌净(复合酚)，易溶于水，0.33%溶液用于细菌性传染病的圈舍、用具消毒；1%溶液用于病毒性传染病的圈舍和笼具消毒。

## 三、养猪场的消毒

### (一)消毒种类

养猪场的消毒一般分为3类，预防消毒、紧急消毒和终末消毒。

#### 1. 预防消毒

(1)*猪舍的消毒方法* 制定日常清扫消毒和保洁制度。猪场门口、猪舍门口都要设消毒池，人员、猪只进出都要消毒，每天清扫粪便，堆积发酵消毒。在一般情况下，每年可以进行2次(春、秋各1次)。在进行猪舍预防消毒的同时，凡是猪只停留过的处所都需进行消毒。在采取“全进全出”管理方法的机械化养猪场,应在全出后进行消毒。产房的消毒,在产仔前应进行1次,产仔高峰时进行多次,产仔结束后再进行1次。

(2)运输途中的消毒方法　①司乘、押运人员必须配备专用装备和消毒药械,自觉遵守兽医卫生规定,每次上、下车时要消毒手和鞋等。车辆及饲料用具专用,饲料自带,不得在沿途随意购用饲料。②卸车后到指定地点彻底清除粪便和泥污,冲洗干净,然后进行药物消毒。消毒方法是先里后外,先上后下,确保药物消毒效果可靠。③猪只在进场前进行体表消毒,各地设立的道路检查站和消毒站也要对过往猪只进行消毒。应选择对猪只没有腐蚀性的药物,浓度不要过高,消毒时除了全身消毒以外,还要重点消毒易感染病原微生物的部位。

(3)粪便的消毒方法　猪只粪便的消毒有多种方法,如焚烧法、生物热消毒法、化学药品消毒法和掩埋法等。

①焚烧法　在地上挖一个深75厘米,宽75～100厘米的壕沟,距壕底40～50厘米处加一层树条,树条下面放置木材等燃料,在树条上面放置要消毒的粪便和污染物,最上层添加一些干草或洒一些柴油,以便迅速燃烧。

②生物热消毒法　见本章第三节"生物消毒法"。

③化学药品消毒法　用含有5%有效氯的漂白粉混悬液、20%石灰乳等喷洒粪便和污染物。也可以用氨水消毒,将粪便浸拌氨水或者在粪堆表面喷洒氨水,再堆积发酵,不仅能消毒,还能提高肥力。操作人员要注意避免氨水对人的刺激,用2%硼酸水浸湿口罩或者佩戴市面销售的防氨口罩。

④掩埋法　将粪便和污染物与漂白粉或生石灰混合,然后深埋于2米深的地下即可。

(4)*污水的消毒方法* 饲养过程中产生的污水,可以用沉淀法、过滤法、化学药品处理法等进行消毒。比较实用的是化学药品处理法。方法是先将污水处理池的出水管用一木闸门关闭,将污水引入水池后,加入化学药品(如漂白粉或者生石灰)进行消毒。消毒药的用量视污水量而定(一般1升污水加入2～5克漂白粉)。污水消毒后,将闸门打开,使污水流入渗井或者下水道。

**2. 紧急消毒**

(1)*猪舍的消毒方法* 对病猪和带菌猪污染的场所、用具和物品进行严格消毒。圈舍消毒时,将猪只赶出圈舍外,首先清除粪尿,猪舍为水泥地面的可以直接喷洒消毒药液,为土质地面的应铲除一层表土,然后喷洒消毒药。猪舍里里外外都要消毒,不留死角,特别是墙角和门窗缝隙等处。最好用气体消毒剂进行熏蒸消毒,喷药后猪舍应密闭至少12小时,然后打开门窗通风至少2天以上,清除残余药物,才能重新放入猪只,以保证消毒药物对猪只不造成损伤。圈舍附近可以用漂白粉、生石灰等进行消毒。饲养场的金属设施、设备可以采取火焰消毒。饲养场的饲料、垫料可以采取深埋发酵处理或者焚烧处理。

(2)*地面土壤的消毒方法* 被病猪的排泄物和分泌物污染的地面土壤,可以用5%～10%漂白粉混悬液、百毒杀或者10%氢氧化钠溶液消毒。停放过芽胞菌所致的传染病(如炭疽、气肿疽等)病猪尸体的场所,或者是此种病猪倒毙的地方,应严格加以消毒,首先用10%～20%漂白粉混悬液或者5%～10%优氯净溶液喷洒地面,然后将表层土壤铲除大约30厘米深,将表土撒上干漂白粉并混合均匀后将此表土运出掩埋。在运输时应用不漏土的车以免沿途遗撒,如果没有条件将表土运出，则应多加干漂白粉的用量（1平方米面积加漂白粉500克），将漂白粉与表土混合，加水湿润后原地压平。

（3）*饲养人员及司乘、扑杀人员的消毒方法* 对病猪和阳性带菌猪的饲养人员、扑杀过程中参与押运的司乘人员及扑杀人员穿着的衣服、鞋帽等必须进行严格彻底的消毒，要做到随污染随消毒，而且要多次、反复地进行。人员本身也要及时彻底清洗干净。

（4）*病猪体表的消毒方法* 在对病猪和带菌猪运送扑杀地点之前，必须对猪只体表进行消毒，以免散布病原微生物。消毒时除了全身消毒以外，还要重点消毒易感染病毒的部位。

（5）*运输车辆的消毒方法* 扑杀过程中运输病猪和带菌猪的车辆，在卸车后必须彻底清除粪便和泥污，冲洗干净，然后进行药物消毒。消毒方法是先里后外，先上后下，确保药物消毒效果可靠。

（6）*病猪粪便的消毒方法* 同“预防消毒”。

（7）*污水的消毒方法* 同“预防消毒”。

**3. 终末消毒** 是指疫情发生以后，待全部患病猪只及疫区范围内所有的可疑猪只经无害化处理完毕，经过一定时间再没有新的病例发生，在疫区解除封锁之前，为了消灭疫区内可能残留的病原微生物所进行的全面彻底的大消毒。其消毒方法参考“紧急消毒”。

**（二）消毒步骤**

养猪场的消毒分2个步骤进行，第一步先进行机械清扫，第二步是化学消毒液消毒。机械清扫是搞好养猪场环境卫生最基本的一种方法。据试验，采用清扫方法，可以使养猪场内的病原微生物数量减少21.5％，如果清扫后再用清水冲洗，则饲养场内病原微生物数量即可以减少54％～60％；清扫、冲洗以后再用药物喷雾消毒，养猪场内的病原微生物数量即可以减少 90%。用化学消毒液消毒时，先喷洒地面，然后墙壁，先由离门远处开始，喷完墙壁后再喷天花板，最后再开门窗通风，用清水刷洗料槽，将消毒药味除去。在进行猪舍消毒时应将附近场院以及病猪污染的地方和物品同时进行消毒。

### （三）消毒质量的检查

为了验证消毒的效果，可以对消毒对象进行细菌学检查，具体的检查方法如下。

**1. 样品采集** 在消毒以后，用小解剖刀在地面（猪舍的猪只最后停留的地方）、墙壁上、猪舍墙角以及料槽上分别采集样品，具体方法是在上述各部位用小解剖刀画出大小为 10 厘米×10 厘米的正方形数块，每个正方形都用灭菌的湿棉签（干棉签的重量为 0.25～0.33 克）擦拭 1～2 分钟，将棉签置于中和剂（30 毫升）中并蘸满中和剂，然后挤压棉签、再蘸满中和剂、再挤压……如此进行数次之后，再放入中和剂内5～10 分钟，用镊子将棉签拧干，然后把它移入装有灭菌水（30 毫升）的容器内备查。

**2. 样品检验** 样品要当日检验。先将装在灭菌水里的棉签拧干，然后将灭菌水搅拌均匀，用灭菌的刻度吸管由容器内吸取 0.3 毫升的灭菌水倾入远藤氏培养基，用巴氏吸管做成的“刮”，在远藤氏培养基表面均匀涂布，然后仍然用此“刮”涂布第二个远藤氏培养基表面。将接种好的培养基置于 37℃温箱内，24 小时检查初步结果，48 小时后检查最后结果。

**3. 结果判定** 如果在远藤氏培养基上发现可疑菌落时，即用常规方法鉴别这些菌落。如果没有肠道杆菌培养物存在时，证明所进行的消毒质量是良好的，如果有肠道杆菌生长，说明消毒质量不良。

**4. 中和剂的选择** 当以漂白粉作为消毒剂时,可以应用30毫升的次亚硫酸盐中和;当以碱性溶液作为消毒剂时,可以应用0.01%的醋酸30毫升中和;当以甲醛溶液作为消毒剂时,可以应用1%～2%的氢氧化铵作为中和剂;当以克辽林、来苏儿及其他药剂作为消毒剂时,没有适当的中和剂,而是在灭菌水中洗涤2次,时间为5～10分钟,然后依次把棉签从一个容器内移到另一个容器内。

## 第四节 生猪及其产品的检疫

猪传染性萎缩性鼻炎的检疫方法主要有运输检疫、交易市场检疫、进出口检疫、屠宰检疫。

### 一、运输检疫

猪传染性萎缩性鼻炎的传入,总是由于检疫不严,引进了患病动物、带菌动物或者运入了被污染的猪产品及饲料所引起的。因此,应从非疫区(以县为单位)购置和调运生猪,如果必须从猪传染性萎缩性鼻炎疫区调运,应必须从无猪传染性萎缩性鼻炎的乡(或场)购买出生于无猪传染性萎缩性鼻炎的猪群。如果是按照培育健康仔猪的方法在隔离环境中饲养的生猪,也可以作为购买的选择对象。调运生猪及其产品,尤其是跨县境调运时,应当有组织地在动物卫生部门的指导下进行严格检疫,不得私自交易和调运,调运生猪及其产品,货主必须分别持有出县境动物检疫合格证明(或产地检疫合格证明)、出县境动物产品检疫合格证明及运载工具消毒证明,运输单位和个人凭上述证明承运。

### (一)调出检疫

调出检疫也称产地检疫，动物、动物产品出售或者调运离开产地前，必须由动物检疫员实施产地检疫。《中华人民共和国动物防疫法》和《动物检疫管理办法》规定，货主在屠宰、出售或者运输动物，以及出售或者运输动物产品之前，应当按照国务院兽医主管部门的规定向当地动物卫生监督机构申报检疫：①动物产品、供屠宰或者肥育的动物提前 3 天。②种用、乳用或者役用动物提前 15 天。③因生产生活特殊需要出售、调运和携带动物或者动物产品的，随报随检。

动物卫生监督机构接到检疫申报后，应当及时指派官方兽医对猪只、猪产品就地隔离，实施现场检疫，检疫合格的，加施检疫标志，出具检疫合格证明。检疫完毕后，应尽快运出，最迟不宜超过 30 天，长期没有运出的猪只，还须重新检疫。符合下列条件的出具产地检疫合格证明：一是供屠宰和肥育的猪只、达到健康标准的种用猪只、因生产生活特殊需要出售、调运和携带的猪只，必须来自非疫区，免疫在有效期内，并经群体和个体临床健康检查合格。二是猪只必须佩戴合格的免疫标志。三是未达到健康标准的种用猪只，除符合上述条件外，必须经过实验室检验合格。检疫不合格的，不允许离开产地，应根据具体情况采取治疗和净化等措施。

### (二)运输途中检疫

动物疫病传播途径比较多，运输途径即是其中的一种，因此一方面要做到凭证运输，凡经铁路、公路、水路、航空运输动物和动物产品的，托运人托运时应当提供当地动物卫生监督机构出具的检疫合格证明，没有检疫证明的承运人不得承运。对尚未出售的猪只及猪产品，未经检疫或者无检疫合格证明的必须由县或县以上动物卫生监督机构或车站、机场、港口和交通要道的检疫部门依法实施补检;对证物不符、检疫合格证明失效的依法实施重检。对合格的猪只及猪产品,出具检疫证明。

经补检或者重检确认为健康的,查明原因并根据情节严重程度,对货主采取批评教育,可以补发检疫合格证明。对经检疫不合格或者疑似染疫的猪只及猪产品,货主应当在动物卫生监督机构的监督下按照国务院兽医主管部门的的规定进行无害化处理,并依照《动物防疫法》的规定予以处罚。对涂改、伪造、转让检疫合格证明的,依照《动物防疫法》的规定予以处罚。另外,承运单位或者个人必须对运载工具在装前和卸后及时进行清洗、消毒,以防疫病的传播。

**(三)调入检疫**

由异地调入猪只,货主应当事先报告当地兽医主管部门,并登记注册。调入的猪只必须来自非疫区,并持有输出地兽医行政主管部门出具的《非疫区证明》及检疫合格证明等手续。猪只调入后,货主应在动物卫生监督机构监督下,按照国务院兽医主管部门的规定,实施隔离观察、检疫、免疫等措施,以防疫病传播和扩散。最好建有专门的隔离场,如果没有可于远离猪舍200~300米的下风处隔离饲养,用易感的动物确定新引入的猪只是否为传染性萎缩性鼻炎的携带者(方法是把2~3只6周龄以内仔猪放入新引入的猪群内,观察1个月以上,如果采取进一步的防范措施,可以把新引入的猪只隔离饲养至少6周,在这期间观察它们的发病迹象,引进种猪时应先隔离饲养1~3个月后,经动物卫生监督机构确认合格后方可准许与当地健康猪群混群)。如果经检疫确认或者怀疑是患传染性萎缩性鼻炎病猪及猪产品的,货主应当在动物卫生监督机构的监督下按照国务院兽医主管部门的的规定处理。

## 二、交易市场检疫

**1. 交易市场设置及检疫员配置** 动物交易市场必须具备完整封闭的围栏(或围墙),地面平整,要远离动物饲养区、交通要道和居民生活区。动物一律进场交易,具有《动物防疫合格证书》。场内设立检疫员工作室,具备相应的检疫工具和检验仪器。凡获得《动物防疫合格证书》的动物交易市场都要配备相应数量、素质较高的动物检疫人员。动物检疫人员要穿统一制式的操作服,按时持证上岗,携带相应的检疫工具。

**2. 查证验物** 进入交易市场的生猪,必须持有当地动物卫生监督机构发给的产地检疫证明,外来生猪持有运输检疫证明和消毒证明,做到一猪一证,不得相互借用。检疫或免疫证明应记录生猪的性别、种系、毛色等特征和检疫、免疫时间及检疫方法和结果。无检疫证明者一律禁止进场交易。如果已经进入交易市场,畜主应主动向检疫部门报告,检疫人员根据具体情况,进行补检或令其到指定的部门检疫。检出的患病生猪不准进入交易市场,并按照规定就地处理。来自不同地方的生猪,应在交易市场的指定地点交易,不要彼此混杂在一起。未成交的生猪放回原饲养场地后,应进行隔离观察。由交易市场新买回的生猪,应该按调入检疫的有关规定进行隔离检疫。

**3. 动物防疫监督** 在规模比较大的动物及其产品交易市场,应该设立检疫监督机构,对进入交易市场的各种动物及其产品进行兽医监督。在农村、城镇的不定期交易场所,所在地区的动物防疫部门应该指派专人开展上述工作。动物防疫监督检验机构对违禁动物、动物产品及有关物品做出的控制或无害化处理决定，当事人必须立即执行，拒不执行的，由做出处理决定的动物防疫监督检验机构申请人民法院强制执行。

## 三、进出口检疫

### (一)进境检疫

主要有：①从境外输入生猪，必须事先提出申请，办理检疫审批手续。②通过贸易、科技合作、交换、赠送、援助等方式输入猪产品的，应当在合同或者协议中说明中国法定的检疫要求，并说明必须附有输出国家或者地区政府动植物检疫机关出具的检疫证书。③货主或者其代理人在生猪及其产品装运前，应在输出国的饲养农场或者其他适宜地点留检 30 天，并根据协议中规定的检疫要求进行检疫。装运生猪或猪产品的车辆、轮船等运输工具，应当用有效消毒液消毒，不应与非出口动物混装。运输途中应用的干草、饲料等，应当是检疫机关所允许的同一批饲料，途中不准随意添加。进境前或者进境时持输出国家或者地区的检疫证书、贸易合同等单证，向进境口岸动植物检疫机关报检。④装载生猪的运输工具抵达口岸时，口岸动植物检疫机关应当立即进行现场检疫，主要是临床检查，如未采取现场预防措施，对上下运输工具或者接近生猪的人员、装载生猪的运输工具和被污染的场地做防疫消毒处理。⑤输入生猪及其产品，应当在进境口岸实施检疫，未经口岸动植物检疫机关同意，不得卸离运输工具。需隔离检疫的，在口岸动植物检疫机关指定的隔离场所至少隔离 15 天，由动物检疫部门按协议中规定的检疫要求进行检疫。因口岸条件限制等原因，可以由国家动植物检疫机关决定将生猪及其产品运往指定地点检疫。在运输、装卸过程中,货主或者其代理人应当采取防疫措施。指定的存放、加工和隔离饲养场所,应当符合动植物检疫和防疫的规定。⑥经检疫合格的,准予进境;海关凭口岸动植物检疫机关签发的检疫单证或者在报关单上加盖的印章验放。需调离海关监管区检疫的,海关凭口岸动植物检疫机关签发的《检疫调离通知单》验放。⑦输入的生猪经检疫不合格的,由口岸动植物检疫机关签发《检疫处理通知单》,通知货主或者其代理人退回或者扑杀,同群其他动物在隔离场或者其他指定地点延长隔离观察 15 天,并采用同法进行复检。在隔离过程中应避免与其他动物接触。输入的猪产品经检疫不合格的,由口岸动植物检疫机关签发《检疫处理通知单》,通知货主或者其代理人作除害、退回或者销毁处理。经除害处理合格的,准予进境。⑧进出口生猪及其产品的检疫应该掌握严格的检疫标准。

**(二)出境检疫**

主要有:①货主或者其代理人在生猪及其产品出境前,应当向口岸动植物检疫机关报检。需经隔离检疫的,在口岸动植物检疫机关指定的隔离场所检疫。②输出生猪及其产品,由口岸动植物检疫机关实施检疫,经检疫合格或者经除害处理合格的,准予出境;海关凭口岸动植物检疫机关签发的检疫证书或者在报关单上加盖的印章验放。检疫不合格又无有效方法做除害处理的,不准出境。③经检疫合格的,如果需要更改输入国家或者地区,更改后的输入国家或者地区又有不同检疫要求的,改换包装或者原未拼装后来拼装的或者超过检疫规定有效期限的,货主或者其代理人应当重新报检。

**(三)过境检疫**

主要有:①要求运输生猪过境的,必须事先征得中国国家动植物检疫机关同意，并按照指定的口岸和路线过境。装载过境生猪的运输工具、装载容器、饲料和铺垫材料，必须符合中国动植物检疫的规定。运输猪产品过境的，由承运人或者押运人持货运单和输出国家或者地区政府动植物检疫机关出具的检疫证书，在进境时向口岸动植物检疫机关报检，出境口岸不再检疫。②过境的生猪经检疫合格的，准予过境；发现有猪传染性萎缩性鼻炎的，全群猪不准过境。过境生猪的饲料受病虫害污染的，作除害、不准过境或者销毁处理。过境猪的尸体、排泄物、铺垫材料及其他废弃物，必须按照动植物检疫机关的规定处理，不得擅自抛弃。③对过境猪产品，口岸动植物检疫机关应当检查运输工具或者包装，经检疫合格的，准予过境；发现有猪传染性萎缩性鼻炎的，做除害处理或者不准过境。④生猪及其产品过境期间，未经动植物检疫机关批准，不得开拆包装或者卸离运输工具。

## 四、屠宰检疫

《中华人民共和国动物防疫法》规定，国家对生猪等动物实行定点屠宰，集中检疫。未经定点，任何单位和个人不得从事生猪屠宰活动。但是，农村地区个人自宰自食的除外。在边远和交通不便的农村地区，可以设置仅限于向本地市场供应生猪产品的小型生猪屠宰场点，具体管理办法由省、自治区、直辖市人民政府制定。具体屠宰点由市、县人民政府组织有关部门研究决定。动物防疫监督机构对依法设立的定点屠宰场(厂、点)派驻或派出动物检疫员，对屠宰场(厂、点)屠宰的动物实施屠宰前和屠宰后检疫，并加盖动物防疫监督机构统一使用的验讫印章。未实行定点屠宰和机关、单位、农民个人自宰自用的猪的屠宰检疫，按省、自治区、直辖市人民政府制定的有关规定执行。

应当凭产地检疫合格证明进行收购、运输和进场(厂、点)待宰。动物检疫员负责查验收缴产地检疫合格证明和运载工具消毒证明。动物产地检疫合格证明和消毒证明至少应当保存12个月。屠宰前应当逐头进行临床检查,健康的方可屠宰,屠宰过程实行全流程同步检疫,对头、蹄、胴体、内脏进行统一编号,对照检查。检疫合格的动物产品,加盖验讫印章或加封检疫标志,出具动物产品检疫合格证明。检疫不合格的动物产品,按规定做无害化处理,无法做无害化处理的,予以销毁。

猪传染性萎缩性鼻炎由于鼻炎的发生发展阶段不同在屠宰时所见的病变也不同。感染初期屠宰时可见鼻黏膜因充血水肿而增厚,表面被覆有多量稀薄、清亮的渗出物,鼻黏膜色泽因充血程度不同呈灰红色至红色。鼻黏膜的炎症继续发展时,黏膜表面出现黄白色、黏稠、浑浊的脓性渗出物,同时可见小点状出血和糜烂。病程再长一些的可见鼻黏膜肿胀,呈灰白色,黏膜面上附有少量卡他性渗出物,鼻腔常因黏膜的肥厚而变窄。到后期阶段鼻黏膜发生高度萎缩,常见有冰花样斑纹(斑痕性收缩)。如果发生鼻窦炎,可以见到鼻窦黏膜因充血、水肿而肥厚,鼻窦内储积有大量黏液性或者化脓性渗出物,可以压迫鼻窦黏膜和骨壁,有的导致黏膜萎缩,骨骼菲薄,以致骨骼破坏。除了鼻黏膜的上述变化,还可以见到不同程度的鼻甲骨萎缩变化。如果仅鼻腔内发生化脓性或纤维素性炎症,而机体其他部位没有病变时,肉尸和内脏可以高温处理后出场,头部作工业用或者销毁。如果机体其他部位也有病变出现,则须连头部一并作工业用或者销毁。

## 第五节　猪传染性萎缩性鼻炎的扑灭措施

### 一、控制和消灭传染源

**(一)淘汰病猪**

**1. 淘汰对象**　感染猪和疑似感染猪。

**2. 淘汰方法**　检出病猪后将其就地隔离，根据病猪的数量和分布范围以县、乡或者养猪场为单位统一集中到屠宰场或其他临时确定的屠宰场所，由专人宰杀。如果检出的病猪数量很少又很分散，可以就地或以村屯、居民点为单位，在固定的场所宰杀。在转运和宰杀病猪的过程中，应按有关兽医卫生学要求，认真做好消毒和防护工作，严防疾病扩散和人间感染。

**(二)严格无害化处理**

病死和宰杀的病猪，要按照 GB 16548－1996《畜禽病害肉尸及其产品无害化处理规程》进行无害化处理。

**(三)紧急监测**

根据发病程度，对同群或同场的猪只进行紧急监测，检出的病猪和带菌猪应作淘汰处理。

**(四)全面彻底消毒**

对病猪和带菌猪污染的场所、用具、物品进行全面彻底消毒。养猪场的金属设施、设备可采取火焰、熏蒸等方式消毒；养猪场的圈舍、场地、车辆等，可选用 2%烧碱等有效消毒药消毒；养猪场的饲料、垫料可以采取深埋发酵处理或焚烧处理；粪便采取堆积密封发酵方式以及其他相应的有效消毒方式处理。

## 二、切断传播途径

传播途径是传染病流行过程的一个重要环节，切断传播途径就可以使流行过程不可能继续进行，猪传染性萎缩性鼻炎的两种病原菌在自然界中广泛存在，可以通过各种传播因素，如乳、肉、皮毛、粪、尿、水、空气和土壤等传播因子侵入机体内，引起感染和发病。因此，认真做好对上述各种传播因子的消毒，是预防传染性萎缩性鼻炎的重要措施之一。

## 三、保护健康和假定健康猪群

为了迅速控制本病，防止扩散和流行，应对健康猪群和假定健康猪群立即采取紧急预防接种措施，其目的是使易感猪群不再发病。

紧急接种是在猪群已经发生传染病或者周边发生疫病的情况下，为了迅速控制和扑灭疫病的传播，保护尚未发病和受到威胁猪的一种紧急措施。在采取紧急接种时，应认真观察和检查，确保是没有临床症状的猪。如果给已经患病或处于潜伏期的猪注射了疫苗，不仅不能得到保护，反而可能促使病情加重，造成死亡。

## 四、无猪传染性萎缩性鼻炎地区的预防措施

### (一)养猪场的建设与布局

**1. 养猪场的选址** ①养猪场应避免建在疫病高发区内，同时应在距离交通要道和工厂、居民住宅区、学校和公共场所1 000 米以外的地方。②养猪场应选择地势高燥、排水良好的地方，在丘陵山地建场时应选择阳坡，坡度不宜超过 20°。③养猪场周围 2 000 米范围内无大型化工厂、采矿厂、皮革

厂、肉品加工厂和屠宰场等污染源。④养猪场水源充足，水质符合饮用标准，水源上游没有对养猪场构成威胁的污染源，包括工业“三废”、农业废弃物、医院污水及废弃物、城市垃圾和生活污水等污物。

**2. 养猪场的布局**

(1)生产区　生产区包括各类猪舍和生产设施，这是猪场中的主要建筑区，一般建筑面积占全场总建筑面积的70%～80%。在设计时，使猪舍方向与当地夏季主导风向成30°～60°角，使每排猪舍在夏季都得到最佳的通风条件。

生产区四周应设有围墙。在生产区的入口处，应设有专门的人员更衣消毒间和永久性消毒池，并经常保持有效的消毒药液。也可以在入口处放置浸有消毒液的麻袋片或草垫，以便进入生产区的人员和车辆进行严格的消毒。常用的消毒药有：5%来苏儿或克辽林、10%漂白粉、3%苛性钠、20%石灰乳等。

生产区内还应设兽医室，只对区内开门，与猪舍相距200米以外，并设在猪舍的下风向的偏僻处，以利于病猪处理，防止疫病传播和环境卫生。

种猪舍要求与其他猪舍隔开，形成种猪区。种猪区应设在人流较少和猪场的上风向，种公猪在种猪区的上风向，防止母猪的气味对公猪形成不良刺激，同时可以利用公猪的气味刺激母猪发情。分娩舍既要靠近妊娠猪舍，又要接近培育猪舍。肥育猪舍应设在下风向，且离出猪台较近。

总之，应根据当地的自然条件，充分利用有利因素，从而在布局上做到对生产最为有利。

(2)饲养管理区　饲养管理区包括猪场生产管理必需的附属建筑物，如饲料加工车间、饲料仓库、修理车间、变电所、锅炉房、水泵房等。它们和日常的饲养工作有密切的关系，所以这个区应该与生产区毗邻建立。

(3)生活区　包括办公室、接待室、财务室、食堂、宿舍等，这是管理人员和家属日常生活的地方，应单独设立。一般设在生产区的上风向，或与风向平行的一侧。

(4)病猪隔离间　病猪隔离间应远离生产区，设在下风向、地势较低的地方，以免影响生产猪群。

(5)粪污等无害化处理区　养猪场必须配备相应的粪便、污水和病死猪无害化处理设施，防止粪便和污水泄漏、溢流、恶臭等对周围环境造成污染。粪便和污水处理设施应设置在猪场围墙外。

(6)道路　道路对生产活动正常进行、对卫生防疫及提高工作效率起着重要的作用。场内道路应分清洁道(也称净道)和污道，净道的功能是人行和饲料、产品的运输，污道为运输粪便、病猪和废弃物的专用通道。两者应严格分开，互不交叉、混用，清洁道和污道的出入口也必须严格分开，不得交叉。

(7)水塔　自设水塔是清洁饮水正常供应的保证，位置选择要与水源条件相适应，且应安排在猪场最高处。

(8)绿化　在进行猪场总体布局时，一定要考虑和安排好绿化。条件好的养猪场最好做到：猪场外围植 5 米以上宽度的防风林带，各场区间植 3 米以上宽的防风、隔离林，场区道路两旁植行道树，场区内的空闲地遍种蔬菜、花草。绿化不仅美化环境，净化空气，也可以防暑、防寒，改善猪场的小气候，同时还可以减弱噪声，促进安全生产，从而提高经济效益。有数据表明，绿化后能使冬季的风速降低 75%～80%，可使夏季的气温下降 10%～20%，能清净场区环境的空气：有害气体减少 25%，臭气减少 50%，尘埃减少 35%～65%，细菌数减少20%～80%。

### (二)自繁自养

有条件的养殖场最好实行本场繁殖、本场饲养，避免从外地购买带进病猪，引进种猪时更易带进该病，应该引起注意。

### (三)建立系统的防疫制度

主要有：①应有严格的防疫、检疫制度，并佩戴由动物卫生监督机构统一制定的免疫标志。②谢绝无关人员进入养猪场，必须进入者，须换鞋和穿戴工作服、帽子，并经彻底消毒后方可进入。本场工作人员进入生产区，必须更换工作服和鞋帽。饲养人员不得串舍，不得借用其他舍的饲养用具和设备。③饲养人员应到有关医疗单位每年进行结核病及相关疾病的检查，患有人兽共患病的人不能担任饲养员。④场外车辆、用具等不准进入场内。出售猪只及其产品一律在场外进行。⑤种猪不准任意对外配种，绝不能把来源不明的动物带进场内。⑥养猪场内灭鼠、灭蚊、灭蝇设施完善，场内禁止混养猫、兔等其他畜禽，以免发生交叉感染。⑦养猪场应建立消毒制度，加强圈舍消毒工作。每年春、秋应进行2次以上的预防性消毒，每季度要进行1次大清扫和1次大消毒，每月进行1次重点消毒，每天都应对圈舍、场地进行清扫，对用具等进行清洗消毒。

### (四)调入监测

猪传染性萎缩性鼻炎一旦传入猪场就很难清除，因此防止本病的传入非常重要。如果必须从外地调入猪只，一定要从非疫区购买。购买前须经当地兽医部门检疫，签发检疫合格证明。购入后应隔离饲养进行严格消毒，立即由本地动物卫生部门严格检疫，隔离观察1个月以上，确认健康后再并群饲养。发现病猪立即淘汰并做无害化处理，并继续对整个猪群进行检疫。不从疫区和市场上购买草料。

**(五)预防免疫**

养猪场应该根据本地区猪传染性萎缩性鼻炎的流行情况和发病季节,按照免疫程序制定相应的预防接种计划实施免疫,以保护猪群不受该病的感染。

**(六)每天检查猪群和定期进行实验室监测**

定期进行实验室监测。对从未发生过本病的健康猪群,每年春季和秋季各进行1次检测。检出病猪和带菌猪时,应及时淘汰。

**(七)防鼠防虫**

老鼠、蚊子、苍蝇等是病原微生物的宿主和携带者,能够传播多种传染病,危害十分严重,因此必须严加防范。在设计和建设饲养厂时,应考虑防鼠措施,及时清除饲养厂周围的杂物、垃圾及乱草等,填平死水坑,防止蚊、蝇孳生。定期采用生物及化学方法消灭老鼠。

## 五、猪传染性萎缩性鼻炎疫区的防治措施

**(一)严格检疫,净化猪群**

**1. 每天对猪群进行临床观察** 只要养猪场里出现下列情形,就算没见到歪鼻子的症状,也必须怀疑该猪场已受到传染性萎缩性鼻炎的侵袭:①打喷嚏。②泪斑。③流鼻血。④僵猪比例高。⑤呼吸道疾病多。⑥猪出栏时间推迟。

**2. 对假定健康猪群定期进行实验室监测** 还应确定假定健康猪群(假定健康猪群即与被淘汰的病猪及带菌猪同群的猪群),隔离饲养,观察3~6个月,同时进行实验室监测。

**(二)病猪隔离与淘汰**

应本着尽量减少病猪数量、限制流动、避免与其他猪群接

触的原则，因地制宜地采用隔离饲养并尽快淘汰的方法处理病猪。对猪群进行临床观察和对假定健康猪群定期进行实验室监测，一旦发现有明显的临床表现和可疑症状的猪只（如，打喷嚏、泪斑、流鼻血、僵猪比例高、呼吸道疾病多及猪只出栏时间推迟等情形），数量少时，要立即隔离、淘汰病猪，呈僵猪的也应淘汰；病猪数量多时，将患病猪群全部肥育后屠宰；严格禁止出售种猪和猪苗，只能肥育供屠宰加工利用；完全没有可疑症状者认为健康。

**（三）培育健康猪群**

良种母猪感染后，临产时要严格消毒产房后再分娩接产仔猪。

仔猪出生后应立即送到远离病猪场（离病猪场 200 米以上）的单独隔离场饲养。出生前 5 天喂给亲生母猪的初乳（人工挤的），使其获得母源抗体，增强抵抗力，以后送到健康母猪舍喂给健康奶或者消毒奶，仔猪在出生 3 周内选用敏感的抗生素注射或鼻内喷雾，每周 1～2 次，每鼻孔 0.5 毫升，直到断奶为止，以后 5 周可继续口服敏感的抗生素。以培养健康猪群。

仔猪出生后应定期进行监测，健康的猪只送入假定健康群培养，病猪和带菌猪淘汰。

这样培育出的健康猪只即可以逐渐更新猪群，从而达到疫情场净化的目的。

**（四）预防免疫**

应对确定的假定健康猪群进行紧急预防接种，保护尚未发病和受威胁猪群。在采取紧急接种时，应认真观察和检查，确保是没有临床症状的猪，如果给已经患病或处于潜伏期的猪群注射了疫苗，不仅不能得到保护，反而可能促使病情加重，甚至造成死亡。

**(五)消毒灭源，净化环境**

猪舍的设计、建设布局要符合国家动物卫生防疫要求，已建成的猪场也要积极创造条件，改善防疫设施，实行封闭式饲养管理，猪场入口处及猪舍入口处应设置消毒池，严防外来疫源的传入。严格执行兽医卫生防疫制度，定期进行预防性消毒：①全场每季度消毒1次，猪舍及运动场每月消毒1次，饲养用具每周消毒1次。②如果猪群每次经监测隔离出病猪或者带菌猪后，必须临时增加消毒次数，对其污染的猪舍、活动场所、用具等进行严格的清洗、消毒，空栏1个月后，重新引种。③粪便要堆积发酵。④进出车辆和人员也要严格消毒。消毒药的选择和使用可以参考本章第三节。

## 第六节　猪传染性萎缩性鼻炎的治疗

### 一、治疗原则

猪场发生猪传染性萎缩性鼻炎以后，加强饲养管理，改善环境条件，进行化学治疗和预防接种的联合措施是治疗萎缩性鼻炎的有效方法。总的治疗原则是：①发现本病迅速隔离病猪，淘汰病猪和可疑猪只。②猪传染性萎缩性鼻炎的传播主要通过飞沫和直接接触传播，初生仔猪比年龄较大的猪更容易感染，感染后症状表现也最重，而年龄较大的猪感染后病状稍轻，或不表现症状而成为带菌猪。这样在母猪分娩前、后用药，可以减少母体携带的病原传递给仔猪。在仔猪7日龄时给予长效预防性药物，可以在5天内使仔猪免受支原体、支气管败血波氏杆菌、多杀性巴氏杆菌的感染。10日龄后仔猪已经能够采食饲料，可以从饲料药物中获得保护。在小猪转中猪、中猪转大猪阶段分别再给予1周的药物治疗，则可进一步巩固药物防治的效果，并可减轻转栏合并带来的应激。③用猪传染性萎缩性鼻炎和巴氏杆菌双价苗进行紧急预防接种。④可以通过药敏试验选择敏感药物来预防和治疗本病。细菌对抗生素很容易产生不同程度的耐药性，尤其是长时间应用抗生素的猪，因此建议临床上交叉使用药物。⑤用药剂量要足，时间要长。⑥猪患传染性萎缩性鼻炎时，呼吸黏膜上皮组织会受到破坏，所以增加维生素A、维生素D、维生素C、维生素K及B族维生素的给予，对维持黏膜上皮组织的结构完整，增强机体抗感染的能力也相当重要，也是一种对症疗法。⑦对猪舍及环境用消毒剂全面彻底喷洒消毒。

## 二、治疗性投药

第一，磺胺二甲嘧啶100～450克，均匀加入1吨饲料中，连喂4～5周；磺胺嘧啶钠按每升水加入0.06～0.1克，溶解后供猪自由饮用，连饮4～5周。

第二，磺胺二甲嘧啶、金霉素各100克，青霉素50克，均匀混入1吨饲料中，连喂3～4周，可防止产生耐药性。或泰乐菌素100克均匀混入1吨饲料中，连喂4～5天。

第三，每头每次肌内注射30%安乃近5毫升，青霉素G160万单位和链霉素100万单位，10%百尔定10毫升，10%磺胺嘧啶钠10毫升；静脉或腹腔注射5%葡萄糖生理盐水1 000毫升，并加入10%维生素C 4毫升。针灸承浆、人中、天门、百会穴，配以牙关、交巢穴。外擦风油精于鼻盘处，并调喂盐水。

第四，对患有传染性萎缩性鼻炎的母猪在前2周开始喂含有 0.02％泰灭净的饲料，至仔猪 28 日龄断奶为止。仔猪出生后连续 2 天肌内注射 20％泰灭净注射液，剂量为 0.5 毫升/千克，每日 1 次，18 日龄起再连续肌内注射 3 日，剂量为 0.4 毫升/千克。从 28 日龄断奶之日起，仔猪连续 8 周喂含 0.02％泰灭净的饲料。

第五，对病猪用混感风暴 5～10 毫升和地塞米松 5 毫升，每天 1 次，连用 3 次，用于 50 千克体重的病例。

第六，选用菌沙磺、福易来、血虫灭、磺中皇、炎热 100 等药物中的一种配合地塞米松和止血敏等药物使用。饲料中添加福美先或泰妙龙，连用 5 天，进行全群预防和治疗。

第七，日本大浦一显（1987）对繁殖母猪于分娩预定日的 3 日前、分娩日、分娩 1 周后、2 周后共 4 次向鼻孔喷雾卡那霉素（960 毫克/头）；同时，用异氰尿酸钾对猪舍每周进行 2 次消毒。结果对断奶时 6 头试验母猪的 30 头仔猪鼻腔内进行细菌检查，没有查出支气管败血波氏杆菌。同时，鼻甲骨的萎缩程度也比试验前的对照组减轻。

第八，在口服用药的同时，也可用 1％～2％硼酸水、0.1％高锰酸钾、链霉素、土霉素溶液滴鼻或冲洗鼻腔。

第九，因猪口鼻齐，饮水的同时鼻子接触药液的机会多，高敏药物直达病灶的次数多，所以药水槽疗法是传染性萎缩性鼻炎最有效的给药途径。使用普通高敏药物便可，如双链季铵盐，结合碘溶液、聚维酮碘消毒液，可任选一种使用，用水配成含药 0.2％～0.5％的药液倒入水泥槽中供猪自由饮用，一般 5～8 天便可痊愈。

第十，中草药对该病的防治亦有较好的效果，药用辛夷、黄柏、知母、半夏各 40 克，栀子、黄芩、当归、苍耳子、牛蒡子、桔梗各 15 克，白鲜皮、射干、麦冬、甘草各 10 克粉碎后分 2

份，早、晚各1份，25千克猪1天用量，连用9天。

## 三、预防性投药

第一，土霉素按0.6克/千克饲料，连喂3天，可防止新病例出现。

第二，产前1个月、产后1～3个月长期投药，有预防效果，能提高增重率和饲料转化率，但难以消除带菌状态。

第三，在疫区，可于仔猪出生后的3天、6天、12天各注射磺胺类制剂，鼻腔可用25%卡那霉素、0.1%高锰酸钾喷雾。

第四，全群猪只日粮中添加百佳美500千克饲料/桶，连用5～7天；也可选用高利高、磺金、福美先、泰磺美中的1种进行治疗。

第五，磺胺嘧啶400～2 000毫克/千克饲料，土霉素400～1 000毫克/千克饲料，饲喂未见临床症状的猪。

## 四、投药方法

### （一）投喂法

**1. 口腔投药法** 首先捉住病猪两耳，使它站立保定，然后用木棒或开口器撬开猪嘴，将药片、药丸或其他药剂放置于猪舌根背面，再倒入少量清水，将猪嘴闭上，猪即可将药物咽下。这种投药方法限于少量药物，若喂大量药物，则应采取胃管投药。

**2. 经鼻投药法** 将病猪站立或横卧保定，要求鼻孔向上，紧闭嘴巴，把易溶于水的药物溶于30～50毫升水中，再将药水吸入胶皮球中，慢慢滴入病猪鼻孔内，猪就一口一口地把药水咽下。这种方法简单易行，大、小猪都可采用，但投药量大或者不溶于水的药物不宜采用此法。

**3. 胃管投药法** 将猪站立或者横卧保定，把头部固定，使之不能自由活动。用开口器将猪嘴撬开，把胃管从舌面迅速通过舌根部插入食管中。当胃管确定插入位置无误时，即可注入事先溶解好的药物。灌完药后再向管内打入少量气体，使胃管内药物排空，然后迅速拔出胃管。

检查胃管是否插入食管的方法：一是用压瘪的胶皮球连在胃管的外口上，如果球仍然保持原状而不鼓起，将胶皮球充气向胃管打气而畅通无阻，即证明胃管已进入食管或者胃内。二是将胃管外口浸在水中，如果随病猪呼吸喷出气泡，则是插入了气管。如果无气泡发生，则是插入了食管。三是如果胃管插入了气管，则猪不叫或者叫声低弱；如果胃管插入食管了，则叫声不变。

**4. 灌肠法** 就是将无刺激性的药物灌入病猪直肠内，由直肠黏膜予以吸收。当猪患口腔疾病不易吞咽食物时，通常采用灌肠法给其补充营养；当猪便秘时，也可以给其灌肠促进肠管内的粪便排出。

治疗用的灌肠剂主要是用温水、生理盐水或者1%的肥皂水。灌注营养物时，首先灌注温水，把病猪直肠内的粪便排出后，再灌注营养物质。具体做法是：先把病猪保定好，将灌肠器涂上油类或者肥皂水，再由肛门插入直肠，然后高举灌肠桶，使桶内的药液或营养液流入直肠。灌注以后，必须使病猪保持安静。当病猪有要排粪的表现时，立即用手掌在其尾根上部连续拍打几下，使其肛门括约肌收缩，防止药液或营养液外流。

### （二）注射法

**1. 皮下注射** 皮下与肌肉之间的组织，猪在后肢股内侧或耳根后皮下。一手捏起皮肤，一手注射，药液过多时应多点注射。皮下注射一般需做简易保定，以保证注射部位和剂量的准确。皮下注射忌用大号粗针头。

**2. 肌内注射** 猪耳后、肩胛前缘或颈部肌肉丰满处和臀部肌肉。垂直刺入2～4厘米，快速注射，用力方向与针头一致。注射使用的针头应长些，以保证注入肌内。

**3. 静脉注射** 耳静脉或前腔静脉。手指捏压静脉血管使其充盈，针头30°～45°角刺入。

**4. 腹腔注射** 提起两后肢，在耻骨前缘中线旁3～5厘米，刺入2～3厘米。

**5. 皮内注射** 手指捏起皮肤形成皱褶，针头呈30°角刺入0.5厘米，注射时有阻力。

**6. 胸腔注射** 右侧倒数第六肋间，上1/3处刺入。

# 附　录

## 附录 1　荚膜染色法

**1. 试验原理**　荚膜是包围在细菌细胞外的一层黏液状或胶质状物质。由于荚膜与染料的亲和力弱，不容易着色，而且可溶于水，容易在用水冲洗时被除去，所以通常用衬托染色法（负染色法）染色，即设法使菌体和背景着色而荚膜不着色，从而使荚膜在菌体周围形成一透明圈。由于荚膜的含水量在90%以上，富含水分，制片时应自然干燥，不可以加热固定，以免荚膜皱缩变形。

**2. 试验器材**

(1)活材料　培养 3～5 天的胶质芽胞杆菌（Bacillus mucilaginosus，俗称“钾细菌”）。该菌在甘露醇作碳源的培养基上生长时，荚膜丰厚。

(2)染色液和试剂　Tyler 法染色液、用滤纸过滤后的绘图墨水、复红染色液、黑素、6%葡萄糖水溶液、1%甲基紫水溶液、甲醇、20%硫酸铜水溶液、香柏油、二甲苯。

(3)器材　载玻片、玻片搁架，擦镜纸、显微镜等。

**3. 试验方法**　推荐以下 4 种染色法，其中以湿墨水方法较简便，并且适用于各种有荚膜的细菌。

(1)负染色法

①制片　取洁净的载玻片一块，加蒸馏水 1 滴，取少量菌体放入水滴中混匀并涂布。

②干燥　将涂片放在空气中晾干或用电吹风冷风吹干。

③染色　在涂面上加复红染色液染色2～3分钟。

④水洗　用水洗去复红染液。

⑤干燥　将染色片放空气中晾干或用电吹风冷风吹干。

⑥涂黑素　在染色涂面左边加1小滴黑素，用一边缘光滑的载玻片轻轻接触黑素，使黑素沿玻片边缘散开，然后向右一拖，使黑素在染色涂面上成为一薄层，并迅速风干。

⑦镜检　先用低倍镜再用高倍镜观察。结果：背影灰色，菌体红色，荚膜无色透明。

(2)湿墨水法

①制菌液　加1滴墨水于洁净的载玻片上，挑少量菌体与其充分混合均匀。

②加盖玻片　放一清洁盖玻片于混合液上，然后在盖玻片上放一张滤纸，向下轻压，吸去多余的菌液。

③镜检　先用低倍镜再用高倍镜观察。结果：背景灰色，菌体较暗，在其周围呈现一明亮的透明圈即为荚膜。

(3)干墨水法

①制菌液　加1滴6%葡萄糖液于洁净载玻片一端，挑少量胶质芽胞杆菌与其充分混合，再加1接种环墨水，充分混匀。

②制片　左手执玻片，右手另拿一边缘光滑的载玻片，将载玻片的一边与菌液接触，使菌液沿玻片接触处散开，然后以30°角，迅速而均匀地将菌液拉向玻片的一端，使菌液铺成一薄膜。

③干燥　空气中自然干燥。

④固定　用甲醇浸没涂片，固定1分钟，立即倾去甲醇。

⑤干燥　在酒精灯上方，用文火干燥。

⑥染色　用甲基紫染色液染1～2分钟。

⑦水洗　用自来水轻洗，自然干燥。

⑧镜检　先用低倍镜再高倍镜观察。结果：背景灰色，菌体紫色，荚膜呈一清晰透明圈。

(4)Tyler法

①涂片　按常规法涂片，可多挑些菌体与水充分混合，并将黏稠的菌液尽量涂开，但涂布的面积不宜过大。

②干燥　在空气中自然干燥。

③染色　用Tyler染色液染5～7分钟。

④脱色　用20%硫酸铜溶液洗去结晶紫，脱色要适度(冲洗2遍)。用吸水纸吸干，并立即加1～2滴香柏油于涂片处，以防止硫酸铜结晶的形成。

⑤镜检　先用低倍镜再用高倍镜观察。观察完毕后注意用二甲苯擦去镜头上的香柏油。结果：背景蓝紫色，菌体紫色，荚膜无色或浅紫色。

**4. 注意事项**　①加盖玻片时不可有气泡，否则会影响观察。②应用干墨水法时，涂片要放在火焰较高处并用文火干燥，不可使玻片发热。③在采用Tyler法染色时，标本经染色后不可用水洗，必须用20%硫酸铜溶液冲洗。

## 附录2　鞭毛染色法

**1. 试验原理**　鞭毛是细菌的运动器官，直径为10～20纳米，一般细菌的鞭毛均不能用光学显微镜直接观察到，而只能用电子显微镜观察。要用普通光学显微镜观察细菌的鞭毛，必须用鞭毛染色法。鞭毛染色方法很多，但其基本原理相同，即在染色前先用媒染剂处理，使它沉积在鞭毛上，使鞭毛直径加粗，然后再进行染色。常用的媒染剂由丹宁酸和氯化高铁或钾明矾等配制而成。现推荐以下两种染色法。

**2. 试验器材**

(1)活材料　培养12～16小时的水稻黄单胞菌(Xanthomonas oryzae)，黏质赛氏杆菌(Serratia marcescens)或假单胞细菌(Pseudomonas sp.)斜面菌种。

(2)染色液和试剂　硝酸银染色液、Leifson染色液、香柏油、二甲苯。

(3)器材　载玻片、擦镜纸、吸水纸、记号笔、玻片搁架、镊子、接种环，显微镜。

**3. 试验方法**

(1)镀银法染色

①清洗玻片　选择光滑无裂痕的玻片，最好选用新的。为了避免玻片相互重叠，应将玻片插在专用金属架上，然后将玻片置洗衣粉过滤液中(洗衣粉煮沸后用滤纸过滤，以除去粗颗粒)，煮沸20分钟。取出稍凉后用自来水冲洗、晾干，再放入浓洗液中浸泡5～6天，使用前取出玻片，用自来水冲去残酸，再用蒸馏水洗。将水沥干后，放入95%乙醇中脱水。

②菌液的制备及制片　菌龄较老的细菌容易失落鞭毛，所以在染色前应将待染细菌在新配制的牛肉膏蛋白胨培养基斜面上(培养基表面湿润，斜面基部含有冷凝水)连续移接3～5代，以增强细菌的运动力。最后1代菌种放恒温箱中培养12～16小时。然后，用接种环挑取斜面与冷凝水交接处的菌液数环，移至盛有1～2毫升无菌水的试管中，使菌液呈轻度混浊。将该试管放在37℃恒温箱中静置10分钟(放置时间不宜太长，否则鞭毛会脱落)，让幼龄菌的鞭毛松展开。然后，吸取少量菌液滴在洁净玻片的一端，立即将玻片倾斜，使菌液

缓慢地流向另一端，用吸水纸吸去多余的菌液。涂片放空气中自然干燥。用于鞭毛染色的菌体也可用半固体培养基培养。方法是将0.3%～0.4%的琼脂肉膏培养基熔化后倒入无菌平皿中，待凝固后在平板中央点接活化了3～4代的细菌，恒温培养12～16小时，取扩散菌落的边缘制作涂片。

③染色　滴加A液，染4～6分钟；用蒸馏水充分洗净A液；用B液冲去残水，再加B液于玻片上，在酒精灯火焰上加热至冒气，维持0.5～1分钟（加热时应随时补充蒸发掉的染料，不可使玻片出现干涸区）；用蒸馏水洗，自然干燥。

④镜检　先低倍再高倍镜，最后用油镜检查。结果：菌体呈深褐色，鞭毛呈浅褐色。

(2)改良Leifson染色法　①清洗玻片法同(1)①。②配制染料。染料配好后要过滤15～20次后染色效果才好。③菌液的制备及涂片。菌液的制备同(1)②；用记号笔在洁净的玻片上划分3～4个相等的区域；放1滴菌液于第一个小区的一端，将玻片倾斜，让菌液流向另一端，并用滤纸吸去多余的菌液；干燥。在空气中自然干燥。④染色。加染色液于第一区，使染料覆盖涂片。隔数分钟后再将染料加入第二区，依此类推（相隔时间可自行决定），其目的是确定最合适的染色时间，而且节约材料；水洗。在没有倾去染料的情况下，就用蒸馏水轻轻地冲去染料，否则会增加背景的沉淀；干燥。自然干燥。⑤镜检。先低倍观察，再高倍观察，最后再用油镜观察，观察时要多找一些视野，不要企图在1～2个视野中就能看到细菌的鞭毛。结果：菌体和鞭毛均染成红色。

**4. 注意事项**　①镀银法染色比较容易掌握，但染色液必须每次现配现用，不能存放，比较麻烦。②Leifson染色法受菌种、菌龄和室温等因素的影响，且染色液须经15～20次过滤，要掌握好染色条件必须经过一些摸索。③细菌鞭毛极细，很易脱落，在整个操作过程中，必须仔细小心，以防鞭毛脱落。④染色用玻片干净无油污是鞭毛染色成功的先决条件。

## 附录3　芽胞染色法

**1. 试验原理**　细菌的芽胞是某些细菌的特殊结构。芽胞是某些细菌生长到一定阶段在体内形成的一种圆形或椭圆形的休眠体，它对不良环境具有很强的抗性。在合适条件下，可吸水萌发，重新形成1个新的菌体。芽胞的大小、形状及其在菌体内的位置是鉴定细菌的重要依据。在一般实验室中通常用芽胞染色法来观察其形态。此外，由于芽胞具有很强的抗性，因此在生产实践中都以是否有杀死抗性最强的芽胞来评定高温灭菌及某些化学杀菌剂的效果。细菌的芽胞具有厚而致密的壁，透性低，不易着色，若用一般染色法只能使菌体着色而芽胞不着色(芽胞呈无色透明状)。芽胞染色法就是根据芽胞既难以染色而一旦染上色后又难以脱色这一特点而设计的。所有的芽胞染色法都基于一个原则：除了用着色强的染料外，还需要加热，以促进芽胞着色，再使菌体脱色，而芽胞上的染料则难以渗出，故仍保留原有的颜色，然后用对比度强的染料对菌体复染，使菌体和芽胞呈现出不同的颜色，因而能更明显地衬托出芽胞，便于观察。

**2. 实验材料和用具**　枯草芽胞杆菌的斜面菌种、二甲苯、香柏油、蒸馏水、5%孔雀绿水溶液、0.5%沙黄水溶液、显微镜、接种环、酒精灯、载玻片、盖玻片、小试管(1×6.5)、烧杯(300毫升)、试管架、电炉。

**3. 操作步骤**

(1)改良的 Schaeffer 和 Fulton 氏染色法

①制备菌液　加 1～2 滴自来水于小试管中,用接种环从斜面上挑取 2～3 环的菌苔于试管中并充分打匀,制成浓稠的菌液。

②加染色液　加 5%孔雀绿水溶液 2～3 滴于小试管中,用接种环搅拌使染料与菌液充分混合。

③加热　将此试管浸于沸水浴(烧杯)中,加热 15～20 分钟。

④涂片　用接种环从试管底部挑取数环菌液于洁净的玻片上,并涂成薄膜。

⑤固定　将涂片通过微火 3 次。

⑥脱色　用水洗,直至流出的水中无孔雀绿水颜色为止。

⑦复染　加沙黄水溶液,染 2～3 分钟,倾去染色液,不用水洗,直接用吸水纸吸干。

⑧镜检　用油镜观察。结果:芽胞呈绿色,芽胞囊为红色。

(2)Schaeffer 与 Fulton 氏染色法

①涂片　按常规法制一薄涂片。

②固定　在微火上通过 2～3 次。

③染色　加染色液。加 5%孔雀绿水溶液于涂片处(染料以铺涂片为度),然后将涂片放在玻片搁架上,再将搁架放在三角架上,用微火加热至染料冒蒸气时开始计算时间,约维持 5 分钟。加热过程中要随时添加染色液,切勿让标本干涸;水洗。待玻片冷却后,由洗瓶中的自来水轻轻地冲洗,直至流出的水中无染色液为止;复染。用沙黄液染色 2 分钟;水洗、吸干;镜检。用油镜观察。结果:芽胞呈绿色,芽胞囊为红色。

**4. 注意事项** ①供芽胞染色用的菌种应控制菌龄，使大部分芽胞仍保留在芽胞囊内。巨大芽胞杆菌在37℃条件下以培养12～24小时的效果最佳。②用改良法时，欲得到好的涂片，首先要制备浓稠的菌液，其次是从小试管中取染色的菌液时，应用接种环充分搅拌，然后再挑取菌液，否则菌体沉于管底，涂片时菌体太小。

## 附录4 革兰氏染色法

革兰染色法是细菌学中最广泛使用的一种鉴别染色法。1884年由丹麦医师Gram创立。方法是先将细菌用结晶紫染色，加媒染剂（增加染料和细胞的亲和力）后，用脱色剂（酒精或丙酮）脱色，再用复染剂染色。如果细菌不被脱色而保存原染液颜色者为革兰氏阳性菌（G+）；如被脱色，而染上复染液的颜色者为革兰氏阴性菌（G－）。此染色法可将所有具有细胞壁的细菌分为两大类：革兰氏阳性菌和革兰氏阴性菌。

**1. 染色原理** 现在认为细菌对革兰氏染色的不同反应主要是革兰氏阳性菌和阴性菌的细胞壁结构与化学组成不同。革兰氏阳性菌的细胞壁较厚，肽聚糖含量多，且交联度大，脂类含量少，经95％乙醇脱色时，肽聚糖层的孔径变小，通透性降低，与细胞结合的结晶紫与碘的复合物不易被脱掉，因此细胞仍保留初染时的颜色。而革兰氏阴性菌的细胞壁较薄，含有较多的类脂质，而肽聚糖的含量较少，乙醇脱色时溶解外层类脂质，增加了细胞壁的通透性，使初染的结晶紫和碘的复合物易于渗出，结果细胞被脱色，经复染后，又染上复染的颜色。

**2. 染色过程**

涂片(大肠杆菌和金黄色葡萄球菌)→干燥→固定→初染(结晶紫染色 1 分钟)→媒染(碘液 1 分钟)→水洗→95%乙醇脱色(1 分钟)→复染(番红花红染色 1 分钟)→干燥→镜检(油镜)

**3. 注意事项** ①菌种应选用对数期的菌种。②涂片不宜过厚,涂片薄而均匀为好。③脱色不足或脱色过度均会造成革兰氏染色的假阳性或假阴性,脱色时间取决于涂片厚度、室温等。

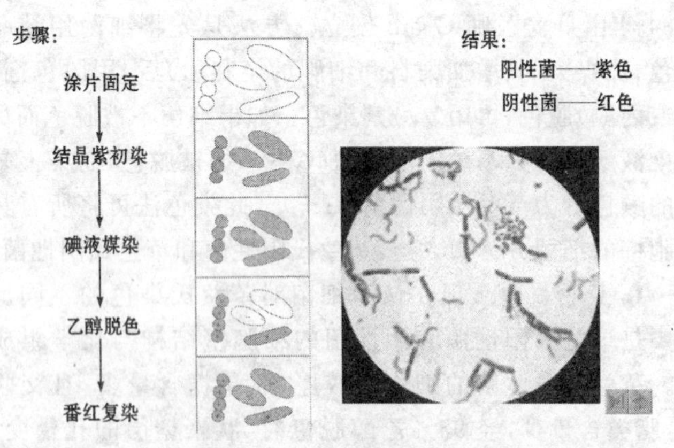


**附图 1 革兰氏染色法**

## 附录 5 瑞氏染色法

瑞氏染色法(Wright's stain;美蓝-伊红 Y):用瑞氏染色液对细菌进行染色以便进行显微镜检查的染色法。

瑞氏染料是由碱性染料美蓝(Methvlem blue)和酸性染料黄色伊红(Eostm Y)合称伊红美蓝染料即瑞氏(美蓝-伊红Y)染料。伊红钠盐的有色部分为阴离子,无色部分为阳离子,其有色部分为酸性,故称伊红为酸性染料。美蓝通常为氯盐是碱性的,美蓝的中间产物结晶为三氯化镁复盐,其有色部分为阳离子,无色部分为阴离子,恰与伊红钠盐相反。

用甲醇作瑞氏染料溶剂,即成瑞氏染液。

**1. 瑞氏染液配制**

(1)*瑞氏染液配制*　瑞氏染料 830 毫克或 1 克,甲醇(AR)500 毫升或 600 毫升,先称好并干燥(事先放入温箱干燥过夜)。将瑞氏染料放置乳钵内,用乳棒轻轻敲碎染料成粉末,再行研磨至听不到研芝麻声即呈细粉末,加少许甘油或甲醇溶解研磨,使染料在乳缸内显"一面镜"光泽,而无染料粉粒沉着,再加较多量甲醇研磨呈一面镜光亮,静置片刻,将上层液体倒入一清洁贮存瓶内(最好用甲醇空瓶),再加甲醇研磨,重复数次,直至乳钵内染料及甲醇用完为止,摇匀,密封瓶口,存室温暗处,贮存愈久,则染料溶解、分解就越好,一般贮存 3 个月以上为佳。

(2)*缓冲液*　①缓冲液作用:染色对氢离子浓度是十分敏感的,据观察 pH 值的改变,可使蛋白质与染料形成的化合物重新离解。缓冲液须保持一定的 pH 值使染色稳定,PBS 的 pH 值一般在 6.4～6.8,偏碱性染料可与缓冲液中酸基起中和作用,偏酸性染料则与缓冲液中的碱基起中和作用,使 pH 恒定。②缓冲液配制(pH 值 6.4～6.8,弱酸性):

配方 1:1% $KH_2PO_4$ 30 毫升 M/15 $KH_2PO_4$ 73.5 毫升

配方 2:1% $Na_2HPO_4$ 20 毫升 M/15 $Na_2HPO_4$ 26.5 毫升

$H_2O$(新鲜)加至1 000毫升

置室温黑暗处，瓶口密封，防止真菌污染，如有污染则应报废。

**2. 染色步骤**

(1)取病料涂片、自然干燥。

(2)滴加瑞氏染液染1分钟，使标本被其中甲醛所固定。

(3)加等量pH值6.4的磷酸盐缓冲液(或等量超纯水)轻轻晃动玻片，均匀静置5分钟。

(4)水洗、吸干、镜检。

## 附录6　碱性美蓝染色法

**1. 染色液配制方法**

| | |
|---|---|
| 美蓝(亚甲蓝) | 0.3克 |
| 95%酒精 | 30毫升 |
| 0.01%氢氧化钾溶液 | 100毫升 |

将美蓝溶于酒精中，然后与氢氧化钾溶液混合即成。

**2. 染色方法**　涂片滴加染色液，染色1～3分钟；水洗、干燥、镜检。菌体呈蓝色。

久藏的美蓝染色液(6个月以上或更久)可以染出细菌的荚膜。

## 附录7　药敏试验方法

抗菌药物在疾病防治上已经得到了广泛的使用，但是对某种抗菌药物长期或不合理地使用，可以引起这些细菌产生耐药性。如果盲目地滥用抗菌药物，不仅造成药物的浪费，同时也贻误了治疗时机。药物敏感试验，是一项药物体外抗菌作用的测定技术，通过本试验，可选用最敏感的药物进行临诊治疗，同时也可根据这一原理，测定抗菌药物的质量，防伪劣假冒产品和过期失效药物。

## 一、纸片扩散法

**1. 器材** 平皿、接种环、镊子、普通琼脂培养基或特殊培养基等。

**2. 药品** 经分离和鉴定后的纯培养菌株、普通琼脂平板（可以根据不同的细菌选择适合生长的培养基，如多杀性巴氏杆菌可以选用血液或血清培养基；应选择无蛋白胨琼脂平板测定磺胺类药物）、准备检测的抗素溶液、小镊子、棉拭子、酒精灯，含有青霉素等抗生素的干燥滤纸片。

药敏片制作法：将滤纸用打孔机打成直径 6 毫米的圆片 100 片，放入大小适宜的容器中，160℃ 干热灭菌 1～2 小时，或者 68 千帕高压灭菌 30 分钟后 60℃ 条件下烘干。将 1 毫升配制好的准备检测的抗生素溶液加入 100 片纸片中，置冰箱内浸泡 1～2 小时即可以使用。如果不立即进行实验，应烘干保存备用。①将浸有药液的纸片平铺在灭菌的培养皿中，放在 37℃ 温箱中 2～3 小时或者放在无菌室内过夜即可。②将药敏片放在灭菌的试管中，放在干燥器中 18～24 小时即可抽干。将制备好的干燥药敏片放入灭菌的容器中，置冰箱内可以保存 6 个月。在使用前应用已知的敏感菌株做敏感性试验，如果抑菌圈的直径比标准的小，则表明药敏片已经失效，不可使用。

**3. 原理** 又称 Bauer-Kirby 法。是将干燥的浸有一定浓度抗菌药物的滤纸片放在已经接种一定量某种细菌的琼脂平板上，经培养后，可在纸片周围出现无细菌生长区，称抑菌圈。测量抑菌圈的大小，测量各种药敏纸片抑菌圈直径的大小(以毫米表示)，即可以判定该细菌对某种药物的敏感程度。体外药敏结果可作为动物选用药物的参考。

**4. 方法** ①将细菌培养物(10～18 小时的幼龄菌)密集均匀地涂布整个平板，也可以挑取待试细菌于少量灭菌生理盐水中制成细菌混悬液，用灭菌的棉拭子蘸取菌液涂布到培养基表面，尽可能涂布的致密而均匀。②待菌液干燥后，将含有抗生素药物的滤纸片用烧灼灭菌的镊子分别贴于平板表面，相互间应间隔一定距离，为了抗菌纸药片与培养基表面密贴，可用镊子轻按下纸片。纸片在培养基上的分布，一般可在中央贴一种纸片，外周以等距离贴若干种纸片，这样一个直径为 90 毫米平板可以贴 6～7 个抗菌药纸片。如果药敏纸片上没有标记，在每贴一种纸片后，应在平板底上用笔写上其药名或贴上标签。③37℃培养 18～24 小时后，观察结果。

**5. 结果** 根据药物纸片周围抑菌圈直径(包括纸片)的大小来判断该菌对各种药物的敏感程度。几种常见抗生素药物的判断标准见下表：

| 抗菌药物 | 细菌名 | 纸片含量 | 抑菌圈直径(毫米) | | |
|---|---|---|---|---|---|
| | | | 耐 药 | 中介度 | 敏 感 |
| 青霉素 G | 葡萄球菌 | 10 单位 | ≤28 | — | ≥29 |
| | 淋病奈瑟菌 | 10 单位 | ≤10 | — | ≥20 |
| | 肠球菌 | 10 单位 | ≤14 | — | ≥15 |
| | 其他革兰氏阳性球菌 | 10 单位 | ≤19 | — | ≥28 |
| 头孢西丁 | | 30 微克 | ≤14 | 15～17 | ≥18 |
| 头孢哌酮 | | 75 微克 | ≤15 | 16～20 | ≥21 |

续 表

| 抗菌药物 | 细菌名 | 抑菌圈直径(毫米) | | | |
| --- | --- | --- | --- | --- | --- |
| | | 纸片含量 | 耐 药 | 中介度 | 敏 感 |
| 红霉素 | | 15 微克 | ≤13 | 14～22 | ≥23 |
| 庆大霉素 | | 10 微克 | ≤12 | 13～14 | ≥15 |
| | 肠球菌(高水平耐药) | | ≤6 | 7～9 | ≥10 |
| 链霉素 | | 10 微克 | ≤11 | 12～14 | ≥15 |
| | 肠球菌 | ≤6 | 7～9 | ≥10 | |
| 诺氟沙星 | | 10 微克 | ≤12 | 13～16 | ≥17 |
| 甲氧苄胺嘧啶 | | 5 微克 | ≤10 | 11～15 | ≥16 |
| 复合磺胺 | | 1.25/23.75 | ≤10 | 11～15 | ≥16 |
| 四环素 | | 30 微克 | ≤14 | 15～18 | ≥19 |

| 抗菌药物 | 抑菌圈直径(毫米) | | | |
| --- | --- | --- | --- | --- |
| | 纸片含量 | 耐 药 | 中介度 | 敏 感 |
| 青霉素 | 200 单位 | <10 | 10～20 | >20 |
| 磺胺类药物 | 10 毫克 | <10 | 11～15 | >15 |
| 其他抗生素 | 1000 微克 | <10 | 11～15 | >15 |

## 二、试 管 法

本法较纸片法复杂,但结果较准确、可靠。此法不仅能用于各种抗菌药物对细菌的敏感性测定,也可用于定量检查,即观察不同浓度药物对细菌的抑制能力。

**1. 试验器材** 试管架、试管、吸管、棉拭子、镊子、酒精灯、药敏纸片若干。

**2. 试验药品** 营养肉汤、培养 18 小时的菌液(1∶1 000

稀释)或培养 6 小时的菌液(1：10 稀释)、琼脂平皿。

**3. 试验方法** 取试管 10 支,排放在试管架上,于第一管中加入肉汤 1.9 毫升,其余各管均各加 1 毫升。吸取配好的抗菌药物 0.1 毫升,加入第一管,混合后吸取 1 毫升放入第二管,混合后再由第二管移 1 毫升到第三管,如此倍比稀释至第九管,从中吸取 1 毫升弃掉,第十管不加药物作为对照。然后向各管中加入幼龄试验菌稀释液 0.05 毫升。置 37℃温箱内培养 18～24 小时观察结果。必要时也可对每管取 0.2 毫升分别接种于培养基上,经 12 小时培养后计数菌落。

**4. 结果判定** 培养 18 个小时后,凡没有细菌生长的药物最高稀释管,即为该菌对药物的敏感度。如果加入的药物本身浑浊而肉眼不易观察的,可以将各稀释度的细菌涂片镜检,或计数培养皿上的菌落。试管法药物敏感性试验浓度标准见下表。

| 药物名称 | 敏 感（微克/毫升） | 中度敏感（微克/毫升） | 耐 药（微克/毫升） |
|---|---|---|---|
| 磺胺类药物 | ＜50 | 50～1000 | ＞1000 |
| 链霉素 | ＜5 | 5～20 | ＞20 |
| 多黏菌素、庆大霉素 | ＜1 | 1～10 | ＞10 |
| 金霉素、土霉素 | — | 1～110 | |
| 青霉素 | 0.1 | 0.1～0.2 | ＞2 |
| 四环素、氯霉素、新霉素、红霉素 | ＜2 | 2～6 | ＞6 |

## 三、琼脂扩散法

利用药物可以在琼脂培养基中扩散的原理,进行抗菌试验，其目的是测定药物的质量，初步判断药物抗菌作用的强弱，用于定性，方法较简便。

**1. 试验材料** 被测定的抗菌药物（如青霉素，选择不同厂家生产的几个品种，以作比较），试验用的菌株（如链球菌），营养肉汤，营养琼脂平皿，棉拭子，微量吸管等。

**2. 试验步骤** ①将试验细菌接种到营养肉汤中，置37℃温箱培养12小时，取出备用。②用无菌棉拭子蘸取上述菌液均匀涂于营养琼脂平皿上。③用各种方法将等量的被测药液（如同样的稀释度和数量），置于含菌的平板上，培养后，根据抑菌圈的大小，初步判定该药物抑菌作用的强弱。④药物放置的方法有多种：一是直接将药液滴在平板上；二是用滤纸片蘸药液置于含菌的平板上；三是在平板上打孔（用琼脂沉淀试验的打孔器），然后将药液滴入孔内；四是先在无菌平板上划出一道沟，在沟内加入被检的药液，沟上方划线接种试验菌株。以上药物放置方法可根据具体条件选择使用。

## 附录8 猪萎缩性鼻炎诊断技术(摘要)

### 1. 猪萎缩性鼻炎

猪萎缩性鼻炎是猪的重要疫病，无法治疗和终身危害，是集约养猪业的大敌，世界动物卫生组织[World Organization for Animal Health（英），Office Intentional des Epizootic（法），OIE]和我国将其列为B类或二类动物疫病。OIE《诊断试验和疫苗标准手册》(2000)(Manual of Standards for Diagnostic Tests and Vaccines，2000)第2.6.1章规定了诊断该病的技术框架(未规定技术细节)。

2. 诊断方法

2.1 临床检查

2.1.1 对仔猪群应检查下列症状：有一定数目的仔猪流鼻汁、流泪，经常打喷嚏、鼻塞或咳嗽，但无热，个别鼻液混有血液。一些仔猪发育迟滞，犬齿部位的上唇侧方肿胀。

2.1.2 对育成猪群和成猪群应检查：

a)鼻塞，不能长时间将鼻端留在粉料中采食；衄血，料槽沿染有血液。

b)两侧内眼角下方颊部形成"泪斑"。

c)鼻部和颜面有如下变形：

1)上腭短缩，前齿咬合不齐(评定标准：下中切齿在上中切齿之后为阴性，反之为阳性)；

2)鼻端向一侧弯曲或鼻部向一侧歪斜；

3)鼻背部横皱褶逐渐增加；

4)眼上缘水平上的鼻梁变平变宽。

d)伴有生长欠佳。

2.1.3 检疫猪群发现有上列症候群，可以临床上初步诊断猪群有支气管败血波氏杆菌Ⅰ相菌的传染或与产毒素性多杀性巴氏杆菌的混合感染，特别是2.1.2 c)具有本病临床指征意义，需进行检菌、血清学试验及病理解剖检查，予以确诊。

2.2 病理检查

2.2.1 尸体外观检查 主要检查有无鼻部和颜面变形及发育迟钝，记录其状态和程度。对上腭短缩可以做定性，下中切齿在上中切齿之后判为"－"，反之判定为"＋"；测量上与下中切齿的离开程度，如－3毫米或＋12毫米分别判定为正常或阳性。

2.2.2 鼻部横断检查

2.2.2.1　检查鼻腔是在鼻部做1～3个横断，检查横断面。鼻部的标准横断面在上腭第二前臼齿的前缘，此处鼻甲骨卷曲发育最充分。先除去术部皮肉，然后用锐利的细齿手锯或钢锯以垂直方向横断鼻部。可再向前(通过上腭犬齿)或向后做第二和第三新的横断，其距离大猪为1.5～2厘米，哺乳仔猪约0.5厘米。

2.2.2.2　为便于检查断面，先用脱脂棉轻轻除去锯屑。如果拍照，应将鼻道内的凝血块等除去，使断面构造清晰完整，必要时可用吸水纸吸除液体。

2.2.2.3　首先检查鼻道内的分泌物的性状和数量及黏膜的变化(水肿、发炎、出血、腐烂等)。

2.2.2.4　主要检查鼻甲骨、鼻中隔和鼻腔周围骨的对称性、完整性、形态和质地(变形、骨质软化或疏松、萎缩以致消失)以及两侧鼻腔的容积。如果需要，可以测量鼻中隔的倾斜或弯曲程度，鼻腔纵径及两侧鼻腔的最大横径。除肉眼检查外，应对鼻甲骨进行触诊，以确定卷曲及其基础部的骨板的质地(正常骨板坚硬，萎缩者软化以致消失)。鼻甲骨萎缩主要发生于下鼻甲骨，特别是腹卷曲。鼻腔标准横断面的萎缩性鼻炎分级标准见附录A。

2.2.3　肺部检查　少数病仔猪伴有波氏杆菌性支气管肺炎。肺炎区主要散在于肺前叶及后叶的腹面部分，特别是肺门部附近，也可能散在于肺的背面部分。病变呈斑块状或条状发生。急性死亡病例均为红色肺炎灶。

2.2.4　判定　具有鼻甲骨萎缩病变的病猪不论有或无临床鼻部弯曲等颜面变形症状，均判定为萎缩性鼻炎病猪。

**2.3　细菌检查**

由猪鼻腔采取鼻黏液，同时进行支气管败血波氏杆菌Ⅰ

相菌及产毒素性多杀性巴氏杆菌的分离。猪群检疫以4～16周龄特别是4～8周龄猪的检菌率最高。

2.3.1 鼻黏液的采取

2.3.1.1 由两侧鼻腔采取鼻黏液,可用一根棉头拭子同时采取两侧鼻黏液,或每侧鼻黏液分别用一根棉头拭子采取。

2.3.1.2 拭子的长度和粗细视猪的大小而定,应光滑可弯曲,由竹皮等材料削成,前部钝圆,缠包脱脂棉,装入容器,高压灭菌。

2.3.1.3 小猪可仰卧保定,大猪用鼻拧子保定。用拧去多余酒精的酒精棉先将鼻孔内缘清拭,然后清拭鼻孔周围。

2.3.1.4 拭子插入鼻孔后,先通过前庭弯曲部,然后直达鼻道中部,旋转拭子将鼻分泌物取出,将拭子插入灭菌空试管中(不要贴壁推进),用试管棉塞将拭子杆上端固定。

2.3.1.5 夏天不能立即涂抹培养基时,应将拭子试管立即放入冰箱或冰瓶内。鼻黏液应在当天(最好在几小时内)涂抹培养基,拭子仍保存于4℃冰箱以备复检。

2.3.1.6 采取鼻液时病猪往往打喷嚏,术者应注意手的消毒,防止材料交叉污染。

2.3.1.7 解剖猪时,应同时采取鼻腔后部(至筛板前壁)和气管的分泌物及肺组织进行培养。鼻锯开术部及鼻锯应火焰消毒,由鼻断端插入拭子直达筛板,采取两侧鼻腔后部的分泌物。由声门插入拭子达气管下部,在气管壁旋转拭子取出气管上、下部的分泌物。在肺门部采取肺组织,如有肺炎并在病变部采取组织块;也可以用拭子插入肺断面采取肺汁和破碎组织。

2.3.2 分离培养

2.3.2.1 培养基制备。血红素呋喃唑酮改良麦康凯琼脂(HFMA),新霉素洁霉素血液马丁琼脂(NLHMA),绵羊血改良鲍姜氏琼脂,三糖铁脲半固体高层培养基,配制方法见附录B。

2.3.2.2 操作。所有病料都直接涂抹在已干燥的分离平板上。分离支气管败血波氏杆菌使用血红素呋喃唑酮改良麦康凯琼脂(HFMA)平板(见第B.1章),分离多杀性巴氏杆菌使用新霉素洁霉素血液马丁琼脂(NLHMA)平板(见第B.2章)。应尽量将棉拭子的全部分泌物浓厚涂抹于平板表面,将组织块的各断面同样浓厚涂抹。重要的检疫,如种猪检疫,对每份鼻腔病料应涂抹每种分离平板2个。不同种分离平板不能混涂同一拭子(因抑菌剂不同)。对伴有肠道感染(腹泻)的或环境严重污染的猪群,每份鼻腔病料可用一个平板做浓厚涂抹,另一个平板做划线接种,即先将棉拭子病料在平板的一角做浓厚涂抹,然后以铂圈做划线稀释接种。

2.3.2.2.1 猪支气管败血波氏杆菌的分离培养。将接种的HFMA平板于37℃培养40～72小时,猪支气管败血波氏杆菌菌落不变红,直径为1～2毫米,圆整、光滑、隆起、透明,略呈茶色,较大的菌落中心较厚呈茶黄色,对光观察呈浅蓝色。用支气管败血波氏杆菌O-K抗血清做活菌平板凝集反应呈迅速的典型凝集。有些样品菌落黏稠或干韧,在玻片上不能做成均匀菌液,须移植一代才能正常进行活菌平板凝集试验。未发现典型菌落时,对所有可疑菌落,均需做活菌平板凝集试验,以防遗漏。如菌落小,可移植增菌后进行检查。如平板上有大肠杆菌类细菌(变红、粉红或不变红)或绿脓杆菌类细菌(产生或不产生绿色素但不变红)覆盖,应将冰箱保存的棉拭子再进行较稀的涂抹或划线培养检查,或重新采取鼻液培养检查。

2.3.2.2.2　产毒素性多杀性巴氏杆菌的分离培养。将接种的 NLHMA 平板于 37℃培养 18～24 小时，根据菌落形态和荧光结构，挑取可疑菌落移植鉴定。多杀性巴氏杆菌菌落直径为 1～2 毫米，圆整、光滑、隆起、透明，菌落或呈黏液状融合；对光观察有明显荧光；以 45°角折射光线于暗室内在实体显微镜下扩大约 10 倍观察，呈特征的橘红色或灰红色光泽，结构均质，即 Fo 荧光型或 Fo 类似菌落。间有变异型菌落，光泽变浅或无光泽，有粗纹或结构发粗，或夹有浅色分化扇状区等。

平板目的菌菌落计数分级见附录 C。

2.3.3　分离物的特性鉴定

2.3.3.1　猪支气管败血波氏杆菌分离物的特性鉴定

2.3.3.1.1　一般特性鉴定。革兰氏阴性小杆菌。氧化和发酵(O/F)试验阴性，即非氧化非发酵严格好氧菌。具有以下生化特性(一般 37℃培养 3～5 天记录最后结果)：

a) 糖管：包括乳糖、葡萄糖、蔗糖在内的所有糖类不氧化不发酵(不产酸、不产气)，迅速分解蛋白胨明显产碱，液面有厚菌膜。

b) 吲哚试验阴性。

c) 不产生硫化氢或轻微产生。

d) 甲基红(MR)试验及维培(VP)试验均阴性。

e) 分解尿素及利用枸橼酸，均呈明显的阳性反应。

f) 不液化明胶。

g) 石蕊牛乳产碱不消化。

h) 有运动性，在半固体平板表面呈明显的膜状扩散生长，扩散膜边沿比较光滑；但 0.05%～0.1%琼脂半固体高层穿刺 37℃培养，只在表面或表层生长，不呈扩散生长。

2.3.3.1.2　菌相鉴定。将分离平板上的典型单个菌落划种于绵羊血改良鲍姜氏琼脂(见规范性附录 B.4)平板(凝结水已干燥)上，置 37℃潮湿温箱中培养 40～45 小时按下列要求分相：

a）Ⅰ相菌落小，光滑，乳白色，不透明，边沿整齐，隆起呈半圆形或珠状，钩取时质地致密柔软，易制成均匀菌液。菌落周围有明显的溶血环。菌体呈整齐的革兰氏阴性球杆状或球状。活菌玻片凝集定相试验，对 K 抗血清呈迅速的典型凝集，对 O 抗血清完全不凝集。Ⅰ相菌感染病例在平板上，应不出现中间相和Ⅲ相菌落。

b）Ⅲ相菌落扁平，光滑，透明度大，呈灰白色，比Ⅰ相菌落大数倍，质地较稀软，不溶血，活菌玻片凝集定相试验，对 O 抗血清呈明显凝集，对 K 抗血清完全不凝集。

c）中间相菌落形态在Ⅰ及Ⅲ相之间，对 K 及 O 抗血清都凝集。中间相及Ⅲ相菌，以杆状为主。

2.3.3.2　产毒素性多杀性巴氏杆菌分离物的特性鉴定

2.3.3.2.1　一般特性鉴定

2.3.3.2.1.1　革兰氏阴性小杆菌，呈两极染色。不溶血，无运动性。具有以下生化特性：

a）糖管：对蔗糖、葡萄糖、木糖、甘露醇及果糖产酸，对乳糖、麦芽糖、阿拉伯糖及水杨苷不产酸。

b）VP、MR、尿素酶、枸橼酸盐利用、明胶液化、石蕊牛乳均为阴性。

c）不产生硫化氢。

d）硝酸还原及吲哚试验均为阳性。

2.3.3.2.1.2　对分离平板上的可疑菌落，也可先根据三糖铁脲半固体高层(见规范性附录 B.3)小管穿刺生长特点进行筛检。将单个菌落以接种针由斜面中心直插入底层，轻轻由原位抽出，再在斜面上轻轻涂抹，37℃斜放培养18小时。多杀性巴氏杆菌生长特点：

a) 沿穿刺线呈不扩散生长，高层变橘黄色；

b) 斜面呈薄苔生长，变橘红或橘红黄色；

c) 凝结水变橘红色，轻浊生长，无菌膜；

d) 不产气、不变黑。

2.3.3.2.2 皮肤坏死毒素产生能力检查。体重350～400克健康豚鼠，背部两侧注射部剪毛（注意不要损伤皮肤），使用1毫升注射器及4～6号针头，皮内注射分离株马丁肉汤37℃ 36小时（或36～72小时）培养物0.1毫升。注射点距背中线1.5厘米，各注射点相距2厘米以上。设阳性及阴性参考菌株和同批马丁肉汤注射点为对照，并在大腿内侧肌注硫酸庆大霉素4万单位（1毫升）。注射后24小时、48小时及72小时观察并测量注射点皮肤红肿及坏死区的大小。坏死区直径1cm左右为皮肤坏死毒素产生（DNT）阳性，小于0.5厘米为可疑，无反应或仅红肿为阴性。可疑须复试。阳性株对照坏死区直径应大于1厘米，阴性株及马丁汤对照应均为阴性。阳性结果记为DNT＋，阴性结果记为DNT－。

2.3.3.2.3 荚膜型简易鉴定方法

2.3.3.2.3.1 透明质酸产生试验（改良Carter氏法）。在0.2%脱纤牛血马丁琼脂平板上于中线以直径2毫米铂圈均匀横划一条已知产生透明质酸酶的金黄色葡萄球菌（ATCC25923）或等效的链球菌新鲜血斜培养物，将每株多杀性巴氏杆菌分离物的血斜面过夜培养物，与该线呈直角的线两侧，各均匀划种一条同样宽的直线，并设荚膜A型及D型多杀性巴氏杆菌参考株作对照。37℃培养20小时，A型株临接葡萄球菌菌苔应产生生长抑制区，此段菌苔明显薄于远端未抑制区，荧光消失，长度可达 1 厘米，远端菌苔生长丰厚，特征荧光型（Fo 型）不变，两段差别明显。D 型株则不产生生长抑制区，Fo 型荧光不变。个别 A 型分离物不产生明显多量的透明质酸，本法及吖啶黄试验时判定为 D 型，间接血凝试验（Sawada 氏法）则判定为 A 型。

2.3.3.2.3.2　吖啶黄试验（改良 Carter 氏法）。分离株的 0.2%脱纤牛血马丁琼脂 18～24 小时培养物，括取菌苔，均匀悬浮于 pH 值 7 的 0.01 摩/升磷酸盐缓冲生理盐水中。取 0.5 毫升细菌悬液加入小试管中，与等容量 0.1%中性吖啶黄蒸馏水溶液振摇混合，室温静置。D 型菌可在 5 分钟后自凝，出现大块絮状物，30 分钟后絮状物下沉，上清透明。其他型菌不出现或仅有细小的颗粒沉淀，上清浑浊。

**2.4　猪支气管败血波氏杆菌 K 凝集抗体检查**

2.4.1　使用须知

2.4.1.1　本试验是使用猪支气管败血波氏杆菌 I 相菌福尔马林死菌抗原，进行试管或平板凝集反应检测感染猪血清中的特异性 K 凝集抗体。其中平板凝集反应适用于对本病进行大批量筛选试验，试管凝集反应作为定性试验。

2.4.1.2　哺乳早期感染的仔猪群，自 1 月龄左右，逐渐出现可检出的 K 抗体，到 5～8 月龄时，阳性率可达 90%以上，以后继续保持阳性。最高 K 抗体价可达 1∶320～1∶640 或更高，3 周龄以上的猪一般可在感染后 10～14 天出现 K 抗体。

2.4.1.3　感染母猪通过初乳传递给仔猪的 K 抗体，一般在出生后 1～2 个月内消失；注射过猪支气管败血波氏杆菌疫苗的母猪生下的仔猪，则被动抗体延缓消失。

2.4.2 试验材料

2.4.2.1 抗原。

2.4.2.2 标准阳性和阴性对照血清。

2.4.2.3 被检血清:应新鲜,无明显蛋白凝固,无溶血现象和无腐败气味。

2.4.2.4 稀释液:为 pH 值 7 磷酸盐缓冲盐水。配方如下:磷酸氢二钠($Na_2HPO_4 \cdot 10H_2O$)2.4 克[或磷酸氢二钠($Na_2HPO_4$)1.2 克],氯化钠($NaCl$)6.8 克,磷酸二氢钾($KH_2PO_4$)0.7 克,蒸馏水 1 000 毫升,加温溶解,2 层滤纸滤过,分装,高压灭菌。

2.4.3 操作方法及结果判定

2.4.3.1 试管凝集试验操作程序(为参考使用方法)

2.4.3.1.1 被检血清和阴、阳性对照血清同时置 56℃水浴箱中灭能 30 分钟。

2.4.3.1.2 血清稀释方法:每份血清用一列小试管(口径 8～10 毫米),第一管加入缓冲盐水 0.8 毫升,以后各管均加入 0.5 毫升,加被检血清 0.2 毫升于第一管中。换另一支吸管,将第一管稀释血清充分混匀,吸取 0.5 毫升加入第二管,如此用同一吸管稀释,直至最后 1 管,取出 0.5 毫升弃去。每管有稀释血清 0.5 毫升。一般稀释至 1∶80,大批检疫时可稀释至 1∶40。阳性对照血清稀释至 1∶160～1∶320;阴性对照血清至少稀释到 1∶10。

2.4.3.1.3 向上述各管内添加工作抗原 0.5 毫升,振荡使血清和抗原充分混匀。

2.4.3.1.4 放入 37℃温箱 18～20 小时。然后取出在室温静置 2 小时,记录每管的反应。

2.4.3.1.5 每批试验均应设有阴、阳性血清对照和抗原缓冲盐水对照(抗原加缓冲盐水 0.5 毫升)。

2.4.3.1.6 结果判定:

“++++”,表示 100%菌体被凝集。液体完全透明,管底覆盖明显的伞状凝集沉淀物。

“+++”,表示 75%菌体被凝集。液体略呈浑浊,管底伞状凝集沉淀物明显。

“++”,表示 50%菌体被凝集。液体呈中等程度浑浊,管底有中等量伞状凝集沉淀物。

“+”,表示 25%菌体被凝集。液体不透明或透明度不明显,有不太显著的伞状凝集沉淀物。

“-”,表示菌体无凝集。液体不透明,无任何凝集沉淀物。细菌可能沉于管底,但呈光滑圆坨状,振荡时呈均匀浑浊。

当抗原缓冲盐水对照管、阴性血清对照管均呈阴性反应,阳性血清对照管反应达到原有滴度时,被检血清稀释度≥10出现“++”以上,判定为猪支气管败血波氏杆菌阳性反应血清。

2.4.3.2 平板凝集试验

2.4.3.2.1 被检血清和阴、阳性对照血清均不稀释。可以不加热灭能。

2.4.3.2.2 于清洁的玻璃板或玻璃平皿上,用玻璃笔划成约 2 平方米的小方格。以 1 毫升吸管在格内加一小滴血清(约 0.03 毫升),再充分混合一铂圈(直径 8 毫米)抗原原液,轻轻摇动玻璃板或玻璃平皿,于室温(20℃～25℃)放置 2 分钟,室温在 20℃以下时,适当延长至 5 分钟。

2.4.3.2.3 每次平板试验均应设有阴、阳性血清对照和抗原缓冲盐水对照。

2.4.3.2.4　结果判定：

“＋＋＋＋”,表示100％菌体被凝集。抗原和血清混合后2分钟内液滴中出现大凝集块或颗粒状凝集物,液体完全清亮。

“＋＋＋”,表示约75％菌体被凝集。在2分钟内液滴有明显凝集块,液体几乎完全透明。

“＋＋”,表示约50％菌体被凝集。液滴中有少量可见的颗粒状凝集物,出现较迟缓,液体不透明。

“＋”,表示25％以下菌体被凝集。液滴中有很少量仅仅可以看出的粒状物,出现迟缓,液体浑浊。

“－”,表示菌体无任何凝集。液滴均匀浑浊。

当阳性血清对照呈“＋＋＋＋”反应,阴性血清和抗原缓冲盐水对照呈“－”反应时,被检血清加抗原出现“＋＋＋”至“＋＋＋＋”反应,判定为猪支气管败血波氏杆菌阳性反应血清。“＋＋”反应判定为疑似,“＋”至“－”反应判定为阴性。

**3. 诊断方法的综合应用及判定**

对猪群的检疫应综合应用临床检查、细菌检查及血清学检查,并对病猪做病理解剖检查。检疫猪群诊断有鼻液带血、泪斑、鼻塞、打喷嚏,特别有鼻部弯曲等颜面变形的临床指征病状,鼻腔检出支气管败血波氏杆菌Ⅰ相菌和(或)产毒素性多杀性巴氏杆菌,判定该猪群为传染性萎缩性鼻炎猪、群。具有鼻甲骨萎缩病变无论有或无鼻部弯曲等症状的猪,诊断为典型病变猪。检出支气管败血波氏杆菌Ⅰ相菌和(或)产毒素性多杀性巴氏杆菌的猪,诊断为病原菌感染、排菌猪。检出猪支气管败血波氏杆菌K凝集抗体的猪,判定为猪支气管败血波氏杆菌感染血清阳转猪。疫群中的检菌及血清阴性的外观健康猪,需隔离多次复检,才能做最后阴性判定。

# 资料性附录

鼻腔横断面鼻甲骨萎缩程度分级

**A.1　正常（“—”）**

两侧鼻甲骨对称，骨板坚硬，正常占有鼻腔容积（间腔正常），鼻中隔正直。两侧鼻腔容积对称，鼻腔纵径大于横径。

**A.2　可疑（“?”）**

鼻甲骨形态异常（变形）不对称，不完全占有鼻腔容积，卷曲，特别是腹卷曲疑有萎缩但肉眼不能判定，鼻中隔或有轻度倾斜。

**A.3　轻度萎缩（“＋”）**

一侧或两侧卷曲主要是腹卷曲轻度或部分萎缩，相应间腔加大；或卷曲变小，卷度变短，骨板变粗，相应间腔增大。也有轻度萎缩和变粗同时存在的病例。或伴有鼻中隔轻度倾斜或弯曲。表现出两侧或背、腹卷曲及其相应间腔的轻度不对称。

**A.4　中等萎缩（“＋＋”）**

腹卷曲基本萎缩，背卷曲部分萎缩。

**A.5　重度萎缩（“＋＋＋”）**

腹卷曲完全萎缩，背卷曲大部萎缩。

**A.6　完全萎缩（“＋＋＋＋”）**

背卷曲及腹卷曲均完全萎缩。

鼻甲骨中等萎缩至完全萎缩的病例，间或伴有鼻中隔的不同程度的歪斜和弯曲，两侧鼻腔容积不对称，或鼻腔的横径大于纵径。严重者鼻腔周围骨（鼻骨、上腭骨）可能萎缩变形。

卷曲萎缩明显以致消失者不难判定，但是腹卷曲的轻度萎缩有时难于判定，且易与发育不全混淆。卷曲往往只有变形而看不到萎缩。

鼻甲骨轻度萎缩与发育不全的鉴别：腹鼻甲骨发育不全是腹卷曲小，卷曲不全，甚至呈鱼钩状，但骨板坚硬，几乎正常占据鼻腔容积，两侧对称，其他鼻腔结构正常。如背卷曲同时变形，疑有萎缩，鼻中隔倾斜，则分级为“可疑”。

## 规范性附录一

**培养基的制备**

**B.1 血红素呋喃唑酮改良麦康凯琼脂(HFMA)培养基配制方法**

B.1.1 成分

B.1.1.1 基础琼脂(改良麦康凯琼脂)

| | |
|---|---|
| 蛋白胨 | 2% |
| 氯化钠(NaCl) | 0.5% |
| 琼脂粉 | 1.2% |
| 葡萄糖 | 1.0% |
| 乳　糖 | 1.0% |
| 三号胆盐(oxoid) | 0.15% |
| 中性红 | 0.003%(1%水溶液3毫升/升) |
| 蒸馏水 | 加至1 000毫升 |

加热溶化，分装。110℃(70千帕)20分钟灭菌，pH值为7～7.2。培养基呈淡红色。贮存于室温或4℃冰箱备用。

B.1.1.2 添加物

1%呋喃唑酮二甲基甲酰胺溶液　0.05毫升/100毫升(呋喃唑酮最后浓度

为 5 微克/毫升）

10%牛或绵羊红血球裂解液　1 毫升（最后浓度为 1：1 000）

4℃冰箱保存备用。呋喃唑酮二甲基甲酰胺溶液临用时加热溶解。

B. 1. 2　配制方法

基础琼脂水浴加热充分溶化，凉至 55℃～60℃，加入呋喃唑酮二甲基甲酰胺溶液及红细胞裂解液，立即充分摇匀，倒入平皿，每个平皿 20 毫升（平皿直径 90 毫米）。干燥后使用，或贮 4℃冰箱 1 周内使用。防霉生长可加入两性霉素 B 10 微克/毫升或放线酮 30～50 微克/毫升。对污染较重的鼻腔拭子，可再加入壮观霉素 5～10 微克/毫升（活性成分）。

B. 1. 3　用途

用于鼻腔黏液分离支气管败血波氏杆菌。

**B. 2　新霉素及洁霉素血液马丁琼脂（NLHMA）培养基配制方法**

B. 2. 1　成分

| | |
|---|---|
| 马丁琼脂 | pH 值 7.2～7.4 |
| 脱纤牛血 | 0.2% |
| 硫酸新霉素 | 2 微克/毫升 |
| 盐酸洁霉素（林可霉素） | 微克/毫升 |

B. 2. 2　配制方法

马丁琼脂水浴加热充分溶化，凉至约 55℃加入脱纤牛血、新霉素及洁霉素，立即充分摇匀，倒平板，每个平皿 15～20 毫升（平皿直径 90 毫米）。干燥后使用，或保存 4℃冰箱 1 周内使用。

B. 2. 3　用途

用于鼻腔黏液分离多杀性巴氏杆菌。

**B.3　三糖铁脲半固体高层培养基配制方法**

B.3.1　成分

| | |
|---|---|
| 多型蛋白胨 | 1.0% |
| 牛肉膏 | 0.5% |
| 氯化钠 | 0.3% |
| 磷酸二氢钾 | 0.1% |
| 琼脂粉 | 0.3% |
| 硫代硫酸钠 | 0.03% |
| 硫酸亚铁铵 | 0.03%混合指示剂　5毫升 |
| 葡萄糖 | 0.1% |
| 乳　糖 | 1.0% |
| 尿　素 | 2.0% |
| 0.5%酸性品红水溶液 | 2.0毫升 |

注:混合指示剂配制:

0.2%溴百里酚蓝(BTB)水溶液(0.2克BTB溶于50毫升酒精,加蒸馏水50毫升)2毫升

0.2%百里酚蓝(TB)水溶液(0.4克TB溶于17.2毫升0.05摩/升氢氧化钠(NaOH),加蒸馏水100毫升,再加水稀释1倍)1毫升

B.3.2　配制方法

将前7种成分充分溶解于蒸馏水后,修正pH值为6.9。再加入混合指示剂,葡萄糖、乳糖及尿素,充分溶解。每支小试管分装2～2.5毫升,流动蒸汽灭菌100分钟,冷却放成半斜面,无菌检验,4℃冰箱保存备用。

B.3.3　用途

用于筛检鼻腔黏液分离平板上的可疑多杀性巴氏杆菌

菌落。

## B.4 绵羊血改良鲍姜氏琼脂培养基的配制方法

B.4.1 成分

B.4.1.1 基础琼脂(改良鲍姜氏琼脂)

B.4.1.1.1 马铃薯浸出液

白皮马铃薯(去芽,去皮,切长条)500 克

甘油蒸馏水(热蒸馏水 1 000 毫升,甘油 40 毫升,甘油最后浓度 1%)

洗净去水的马铃薯条加入甘油蒸馏水,119℃～120℃(103 千帕)加热 30 分钟,不要振荡,倾出上清液使用。

B.4.1.1.2 琼脂液

氯化钠 16.8 克(最后浓度 0.6%)

蛋白胨 14 克(最后浓度 0.5%)

琼脂粉 33.6 克(最后浓度 1.2%)

蒸馏水 加至 2 100 毫升

119℃～120℃(103 千帕)加热溶解 30 分钟,加入马铃薯浸出液的上清液 700 毫升(即两液比例为 75%及 25%)。混合,继续加热溶化,4 层纱布滤过,分装,116℃30 分钟。不调 pH 值,高压灭菌后 pH 值一般为 6.4～6.7,贮于 4℃冰箱或室温备用。备作斜面的基础琼脂加蛋白胨,备作平板的不加蛋白胨。

B.4.1.2 脱纤绵羊血

无菌新采取,支气管败血波氏杆菌 K 和 O 凝集价均小于 1:10,按 10%浓度加入基础琼脂中。

B.4.2 配制方法

基础琼脂溶化后凉至约 55℃,加入脱纤绵羊血,立即充分混合,勿起泡沫,制斜面管或倒平板(直径 90 厘米平皿,每

皿 20 毫升)，放 4℃冰箱约 1 周后使用为佳。

B.4.3 用途

用于支气管败血波氏杆菌的纯菌培养及菌相鉴定。

## 规范性附录二

分离平板目的菌落计数分级

“－” 目的菌落阴性。

“＋” 目的菌落 1～10 个。

“＋＋” 目的菌落 11～50 个。

“＋＋＋” 目的菌落 51～100 个。

“＋＋＋＋” 目的菌落 100 个以上。

“∞” 目的菌落密集成片不能计数。

“×” 非目的菌(如大肠杆菌、绿脓杆菌、变形杆菌等)生长成片，覆盖平板，不能判定有无目的菌落。

怎样起个好名字 11.00元

避孕知识130问 8.50元

饮食营养搭配110问 5.00元

心脑血管疾病饮食调养(另有VCD) 7.50元

母乳喂养100问(修订版) 11.00元

实用针灸选穴手册(修订版) 21.00元

服装裁剪制作入门(修订版) 22.00元

新婚夫妇必读(修订版) 7.50元

名优酱菜腌菜家庭制法300种(第二次修订版) 8.00元

性病及男科病自我防治 8.00元

艺术毛衣图案精选 21.00元

饮食营养666忌(修订版) 21.00元

胃肠道疾病饮食调养144问(修订版) 14.00元

农村妇幼常病防治指南 13.00元

家庭自制冷饮300例 7.00元

中风防治200问 11.00元

刮痧疗法(另有VCD) 8.50元

艾滋病防治88问 7.00元

民间剪纸技巧 12.00元

百体美术字(修订版) 12.50元

折纸游戏 8.00元

素描入门 9.00元

黑板报美化技法 8.00元

常用歇后语1800条 6.00元

中国名歌500首 40.00元

教你学唱歌 7.00元

聊斋志异(文白对照精选本) 33.00元

硬笔书法入门 16.00元

象棋入门(修订版) 22.00元

古今灯谜三千条 8.00元

实用对联三千副 9.00元

孩子们最想知道的100个怎么办 8.00元

孩子们最爱问的100个为什么 9.00元

农村规划员培训教材 8.00元

农村企业营销员培训教材 9.00元

农资农家店营销员培训教材 8.00元

新农村经纪人培训教材 8.00元

农村经济核算员培训教材 9.00元

农村气象信息员培训教材 8.00元

农村电脑操作员培训教材 8.00元

农村沼气工培训教材 10.00元
耕地机械作业手培训教材 8.00元
播种机械作业手培训教材 10.00元
收割机械作业手培训教材 11.00元
玉米农艺工培训教材 10.00元
玉米植保员培训教材 9.00元
小麦植保员培训教材 9.00元
小麦农艺工培训教材 8.00元
棉花农艺工培训教材 10.00元
棉花植保员培训教材 8.00元
大豆农艺工培训教材 9.00元
大豆植保员培训教材 8.00元
水稻植保员培训教材 10.00元
水稻农艺工培训教材（北方本） 12.00元
水稻农艺工培训教材（南方本） 9.00元
绿叶菜类蔬菜园艺工培训教材（北方本） 9.00元
绿叶菜类蔬菜园艺工培训教材（南方本） 8.00元
瓜类蔬菜园艺工培训教材（南方本） 7.00元
瓜类蔬菜园艺工培训教材（北方本） 10.00元
茄果类蔬菜园艺工培训教材（南方本） 10.00元
茄果类蔬菜园艺工培训教材（北方本） 9.00元
豆类蔬菜园艺工培训教材（北方本） 10.00元
豆类蔬菜园艺工培训教材（南方本） 9.00元
蔬菜植保员培训教材（南方本） 10.00元
蔬菜植保员培训教材（北方本） 10.00元
油菜植保员培训教材 10.00元
油菜农艺工培训教材 9.00元
蔬菜贮运工培训教材 8.00元
果树植保员培训教材（北方本） 9.00元
果品贮运工培训教材 8.00元
果树植保员培训教材（南方本） 11.00元
果树育苗工培训教材 10.00元
苹果园艺工培训教材 10.00元
枣园艺工培训教材 8.00元
核桃园艺工培训教材 9.00元
板栗园艺工培训教材 9.00元
樱桃园艺工培训教材 9.00元

葡萄园艺工培训教材　11.00 元
西瓜园艺工培训教材　9.00 元
甜瓜园艺工培训教材　9.00 元
桃园艺工培训教材　10.00 元
猕猴桃园艺工培训教材　9.00 元
草莓园艺工培训教材　10.00 元
柑橘园艺工培训教材　9.00 元
食用菌园艺工培训教材　9.00 元
食用菌保鲜加工员培训教材　8.00 元
食用菌制种工培训教材　9.00 元
桑园园艺工培训教材　9.00 元
茶树植保员培训教材　9.00 元
茶园园艺工培训教材　9.00 元
茶厂制茶工培训教材　10.00 元
园林绿化工培训教材　10.00 元
园林育苗工培训教材　9.00 元
园林养护工培训教材　10.00 元
草本花卉工培训教材　9.00 元
猪饲养员培训教材　9.00 元
猪配种员培训教材　9.00 元
猪防疫员培训教材　9.00 元
奶牛配种员培训教材　8.00 元
奶牛修蹄工培训教材　9.00 元
奶牛防疫员培训教材　9.00 元
奶牛饲养员培训教材　8.00 元
奶牛挤奶员培训教材　8.00 元
羊防疫员培训教材　9.00 元
毛皮动物防疫员培训教材　9.00 元
毛皮动物饲养员培训教材　9.00 元
肉牛饲养员培训教材　8.00 元
家兔饲养员培训教材　9.00 元
家兔防疫员培训教材　9.00 元
淡水鱼繁殖工培训教材　9.00 元
淡水鱼苗种培育工培训教材　9.00 元
池塘成鱼养殖工培训教材　9.00 元
家禽防疫员培训教材　7.00 元
家禽孵化工培训教材　8.00 元
蛋鸡饲养员培训教材　7.00 元
肉鸡饲养员培训教材　8.00 元

以上图书由全国各地新华书店经销。凡向本社邮购图书或音像制品,可通过邮局汇款,在汇单“附言”栏填写所购书目,邮购图书均可享受9折优惠。购书30元(按打折后实款计算)以上的免收邮挂费,购书不足30元的按邮局资费标准收取3元挂号费,邮寄费由我社承担。邮购地址:北京市丰台区晓月中路29号,邮政编码:100072,联系人:金友,电话:(010)83210681、83210682、83219215、83219217(传真)。